中国沿海潮下带重点藻场调查报告

章守宇 王 凯 李训猛 等 著

U0246513

中国农业出版社

北 京

前 言 PREFACE

　　海藻场是指沿岸潮间带和潮下带数米至数十米浅水区内大型底栖海藻繁茂丛生的场所，广泛分布于冷温带的大陆沿岸以及部分热带和亚热带海岸，占据了全球海岸线大约1/4的长度。作为近岸海域典型的子生态系统之一，海藻场与珊瑚礁、红树林、海草床等共同构成了结构复杂、物种多样的沿岸—近海生态系统，它们各自的生态功能如同人体的五脏六腑，相互不可替代。

　　海藻场独特的生境类型及其生态结构与功能不仅丰富了近岸生态系统的多样性，还通过其可媲美陆地热带雨林的较高初级生产力和复杂的食物网，维系着鱼类等游泳生物的群落稳定，在渔业资源养护、水体环境改善及海洋固碳等方面发挥着巨大作用，是人类与自然和谐共处的重要保障。

　　我国共有海岸线 3.2×10^4 km，包括大陆海岸线 1.8×10^4 km、岛屿海岸线 1.4×10^4 km。其中，曲折延绵的岩礁岸线潮间带和潮下带的海藻资源丰富，尤其以马尾藻属、海带及裙带菜等资源量最为丰盛；但我国大型海藻的植株高度相对较小，如马尾藻属（Sargassum）的个体长度绝大多数在 3 m 以下，而菲律宾近岸的马尾藻属株高可达 10 m。

　　20 世纪 50 年代至今，我国沿海各地科研机构陆续对潮间带的海藻生物种群及群落生态学等进行调查与研究，但由于海洋环境条件较为恶劣和当时调查技术相对落后，对具有高生产力、生态功能突出的潮下带大型海藻及海藻场未能开展系统的现场采样与调查。另外，由于我国近岸海水透明度总体偏低、大型海藻的植株冠层极少浮出水面，即使在目前，仍然较难采用现代卫星遥感手段进行种类分布与生物量规模的评估。与美国、日本等发达国家的海藻场调查和研究相比，我国仍有较大的差距；在欧美国家最新绘制的全球海藻场分布图中也未标出我国近岸大型海藻分布的情况。因此，迄今为止，我国对于沿海潮下带海藻场的地理分布、水深范围、底质类型、支撑藻种、丰度、规模、季节变化以及群落生态等基本资料掌握甚少。

　　2004 年以来，我们在浙江省马鞍列岛的海藻场及其邻近海域，围绕大型海藻、水环境、营养盐、浮游生物、渔业资源等生态系统的各项要素开展了综合调查；其间，还对渔山列岛、南麂列岛等东海区的重点海藻场进行了生态调查。通过这些调查与研究，我们深切地体会到海藻场对于近岸海域生态系统的重要性，萌发了要对科学意义上尚处于空白状态的国内海藻场（特别是潮下带部分）进行现场调查的想法。为此，在国家现代农业产业技术体系藻类产业技术体系的支持下，我们于2018年和2019年专门组织力量，边现场调查、边摸排聚焦，对我国沿海的几十个重点海藻场开展了历时2年的逐一调查；先后涉足海岛、大陆近岸60余次，参与人数200余人次。我们通过声学测扫、潜水采样、问卷调查、群众走访的方式，北起辽宁丹东口岸，南至海南三亚大东海，在包括黄金山、南隍城岛、鸡鸣岛、枸杞岛、清澜湾等55处岛屿和海湾进行了潮下带海藻场调查，累计走航测扫约1 100 km、测量样带约500条、潜水采样4 500个样方、拍摄大型海藻原位图500余张。

在现场调查初步探明我国沿海潮下带重点藻场的基础上，我们同时进行了大量的资料收集与整理，并将这些内容汇编成本书，相对系统、完整地展示了我国潮下带海藻场的现存规模、分布格局、区系特点等基本情况。我们衷心期待本书在认知我国近海重要生境组成、海藻场的保护和开发利用、维系海岸带生态健康等方面发挥积极作用。

本书共分六个部分，第一部分为海藻场概述，主要介绍了海藻场概念、生态功能，我国海藻场资源概况和全球海藻场分布状况。第二部分为著者团队开展全国海藻场调查方法，包括声学测扫、潜水采样、无人机摄影及问卷调查等。第三部分为我国沿海重点藻场概述，分别介绍我国沿海各省的重点藻场，包括藻场的分布范围、优势藻种、规模、覆盖度、水深、生物量和海藻株高等，以及重点藻场的利用现状等信息。其中，受调查时间限制，河北省秦皇岛市近岸在夏季常为军事管控区域，仅在唐山祥云湾开展了藻场调查；天津市、上海市沿海淤泥底质较多，海藻资源量相对较少，未开展相关调查。在归纳总结各地海藻场水温特性、优势藻种温度属性的基础上，对我国沿海藻场进行了类型划分，形成本书的第四部分内容。第五部分主要阐述了我国沿海潮下带海藻场生态系统面临的威胁，并以案例形式介绍了我国在海藻场建设和生态修复方面所做的工作等。第六部分主要介绍了目前海藻场的修复类型及未来研究、管理建议等。

本书在样品采集、藻种鉴定、文字撰写和编辑等方面得到了大量业内专家的指导和帮助。汪振华、郭禹、李朝文、程晓鹏、刘书荣、贾慧明、朱越、陈奕帆、张健、刘章彬、林沅、陈健渠等参与了部分藻场现场调查或资料整理工作。在现场调查过程中，我们得到了罗刚、唐贤明、孙忠民、陈伟洲、蔡忠强、郑言鑫、赵春暖、张焕君、黄忠坚、钟晨辉、张媛、李明、蔡厚才、陈万东、林汉斌、陈武强、吴翔宇、徐啸涛、冷晓飞、张劲松、王忠举、费云乐、李静等人的大力协助；本书的顺利出版得益于以上专家和机构的帮助与支持，在此表示诚挚的谢意！

本书的出版得到国家现代农业产业技术体系藻类产业技术体系、马尾藻海藻场水生生物资源养护机制研究、长江口邻近海域藻场栖息地修复构造技术研究及示范、海藻场生态系统结构及其生物资源养护能力等研究项目的资助，特此表示感谢。

限于著者水平，书中不妥之处在所难免，敬请有关专家、同仁和读者不吝指正，以臻完善！

著 者

2020年8月于上海

目 录

第一章　绪　　论

一、海藻场概述

海陆交界的岩相海岸带上，生长着种类繁多的低等孢子植物——海藻（seaweed），众多大型海藻密集生长，形成蔚为壮观的海藻场（seaweed beds）（图1-1-1）。海藻场中支撑藻类大多属褐藻门、红藻门及绿藻门，其中以褐藻门种类的藻场分布最为广泛，包括巨藻属、海带属、马尾藻属等。海藻场的支撑藻种多为一年生或多年生的大型底栖海藻，其形态结构主要有固着器（holdfast）、藻柄（stipe）、叶片（blade）和气囊（pneumatocyst），海藻通过固着器附着在岩相基质表面，由固着器生长出藻柄，藻柄生长出叶片，叶片的基部生长有气囊，这些空心气囊可使藻体直立于水体中，繁盛期的海藻在退潮时藻体漂浮于水面，形成海藻冠层（canopy），伴随海浪摇曳。

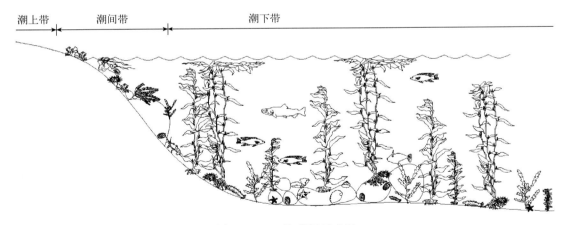

图1-1-1　海藻场示意图

二、海藻场生态功能

大型海藻与岩礁基质、海洋水体构成了结构复杂的近岸物理环境，其间具有众多小型、微型生境，且具有较高的空间异质性，许多浮游生物、鱼类和底栖无脊椎动物在此生存，共同构成了近岸海藻场生态系统。作为海洋近岸子生态系统之一，海藻场具有独特的生态结构及生态功能，为沿海生态系统提供了复杂的生物生境和较高的初级生产力，增强了近岸生物多样性，在生物资源养护、水体环境改善及海洋固碳方面具有重要作用，是人类社会赖以生存的环境基础。

海藻场的生态功能主要包括以下几个方面：

（1）海藻场生态系统有着较为复杂的食物网能流结构，腹足类动物和棘皮类动物（海胆纲）是底栖海藻的主要摄食者，细菌是海藻场中藻体碎屑和其他有机碎屑的主要分解者（图1-2-1）。海藻场中1/3的初级生产力通过海胆或草食性腹足类直接摄食进入食物网，其余通过碎屑和溶解有机质进入食物链，被各种水生动植物直接或间接利用，支持其上的各种水生生物生存，保持生态系统的物种多样性。此外，海藻场还可作为近岸"种质库"，丰富了裙带菜、紫菜、海带、羊栖菜等养殖海藻的种质资源。

图1-2-1 海藻场能流结构

（章守宇等，2019）

（2）大型海藻的藻体表面及植株周围生长着数量繁多、种类丰富的小型藻类和无脊椎动物，如硅藻、苔藓虫、海绵、水螅虫、海鞘类、软体动物、甲壳动物、腹足动物及多毛类环节动物。海藻场水域中，还生存着多种植食性/肉食性的头足类、腕足类和鱼类。海藻场是其生物群落的"框架"，大型海藻叶片为硅藻、水螅等各种附着动植物提供生活空间，并为墨鱼等多种经济鱼类提供产卵附着基盘（图1-2-2）；大型底栖海藻形成的"丛林"和"迷路"能减缓海水流动，形成相对静稳的水体环境，成为小黄鱼、牙鲆、褐菖鲉等几十种经济鱼类幼体阶段的优良栖息地。

（3）大型海藻具有较高的初级生产力，藻体在充足的阳光照射下进行光合作用，对水体中的氮磷营养盐及重金属等均具有很强的吸收作用，这种生理特性使海藻场具有储存大量营养盐的能力，成为海洋生态系统中重要的氮库和磷库。某些红藻（如紫菜）即使在近

图 1-2-2 海藻表面附着生物（苔藓及盘管虫）

岸排污口附近仍能很好地生长，对海域环境的改良作用十分显著；海藻场能有效地起到防止海域富营养化、改善水质与海域生态的作用。

（4）大型海藻生长迅速，巨藻属（*Macrocystis*）平均每天可生长 6～25 cm，是海洋乃至全球生长最快的植物，其在海洋碳汇中扮演着重要角色，美国加利福尼亚的巨藻属海藻森林生产力为 1 000～1 300 g/(m^2·a)，北大西洋海域的海带属（*Laminaria*）海藻森林生产力为 1 200～1 900 g/(m^2·a)，澳大利亚的昆布属（*Echlonia*）海藻森林生产力为 600～1 000 g/(m^2·a)。海藻场通过吸收大气与海水中的二氧化碳，参与生物圈尤其是近海碳循环过程，增加海洋碳汇强度，同时光合放氧，改善大气环境。

除此之外，海藻场还是一个集生产、休闲、娱乐于一体的近岸生态系统，以其生物多样性为载体，通过广泛的生态效应过程，为人类提供了丰富的物质生产资料，并发挥海岸带保护、生活满足、信息服务和社会文化服务等各种功效，对近岸社会经济产生了较大影响。由于海藻对水温较为敏感，气候研究者可通过研究海藻群落特征、环境适应性等预判未来海水温度、海洋生物多样性变化等信息。海藻场还具有垂钓、休闲潜水、渔家游等生态和景观功能，可满足人类精神需求、艺术创作和教育等非商业性需求，在国民经济和社会发展中起到不可替代的作用。

三、全球海藻场分布

由底栖海藻构建的海藻场多处于岩礁基底浅水海域，那里光照充足、潮流通畅，同时，由于上升流和陆地径流的参与，引起海水不断运动，藻体不受脱水作用限制和过度暴晒影响。近海波浪使得藻体叶片能够最大限度伸展，充分进行物质交换。海藻场群落与岩礁潮间带群落相似，多呈带状、斑块状分布。

全球范围内的海藻场多分布于温带和高纬度的潮下带岩礁基质地区，全球海藻场分布长度约占海岸线长度的 25%，海藻生长海域的水深多在30 m以内；在透明度较高海域，海藻生长水深甚至可达 60～200 m，某些浅水、岩礁坡度平缓海区，海藻场可从岸边向海延伸数千米。海藻场多由 1～2 种大型褐藻群落组成，并以主导海藻来命名，如海带属群落构成了海带场的支撑系统，巨藻属群落构成了巨藻场的支撑系统，马尾藻属（*Sargassum*）群落构成了马尾藻场的支撑系统，昆布属群落构成了昆布藻场的支撑系统等。其中，藻体较大的巨藻属主要分布于美国西海岸的北部和南部及南太平洋近岸；

Nereocystis leutkeana 主要分布于美国加利福尼亚中部至阿拉斯加海岸；*Ecklonia maxima* 主要分布于南非海岸；*Alaria fistulosa* 主要分布于美国阿拉斯加和亚洲的太平洋海岸，上述几种藻体长度均大于 10 m。海带属主要分布于欧洲和太平洋西北部海岸，藻体长度一般小于 5 m，少数藻体长度可达 10 m。昆布属主要分布于南澳大利亚和新西兰海岸，松藻属（*Lessonia*）主要分布于智利海岸（图 1-3-1）。

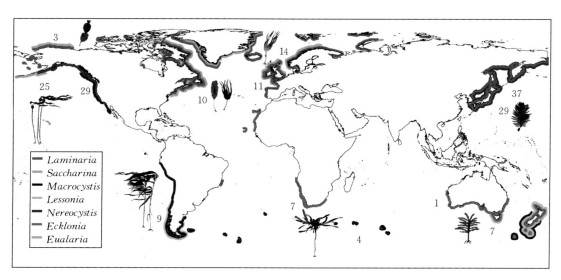

图 1-3-1　全球海藻场分布（资料来源：Charles Sheppard，2019）

图中数字为藻类种类数

第二章 调查方法

支撑海藻场生态系统的物质基础是以"场"形式存在的底栖海藻群落，其建群种通常是株高1～3 m的大型海藻，它们密集生长而形成一定的规模，是海藻场群落的绝对优势种；在高大的大型海藻林冠之下则分布着其他匍匐性的低矮海藻，如粗枝软骨藻、孔石莼、叉珊藻等。不同种类和生物量占比以及高低错落的底栖海藻丛林构成了海藻场最显著的特征。底栖海藻作为海藻场生态系统中最主要的初级生产力，不仅可以为生态系统中的动物提供食物来源及栖息地，其规模和种类组成等还影响着其他相关物种的数量、丰度及分布等。同时，海藻场中的绝大部分藻体碎屑在海浪作用下输出到邻近海域，对近海、深海的食物网及通过鸟类作用的陆地食物网也起到了重要的补充作用；这些由底栖海藻自身凋落和动物对其啃食所产生的藻体碎屑的生物量大小，亦是评估海岸带蓝色碳汇的重要基础。

开展海藻场的分布面积、藻种组成、优势种及其生物量、密度、株高、覆盖度等调查，是查明海藻场生态系统特征的基础；同时，海藻场的水温、盐度、透明度、pH、营养盐、水深、底质等环境特征反映了海藻场的形成条件，是评估海藻场的分布以及海藻场保护和开发利用等管理措施制定的重要依据。

海藻场调查的手段通常是采取潜水采样结合声学测扫或两者同步进行。声学测扫可快速、大规模评估藻场范围，而潜水采样则可以提高声学调查的准确性。海藻场面积、株高及覆盖度等要素主要通过船载声呐测扫进行调查；而藻种组成、密度、优势种等则主要通过潜水采样调查得知。声呐设备输出的株高、覆盖度可与潜水样方采样的结果进行比对、统一。国外还利用卫星遥感技术，通过分析IKONOS、Landsat和Meris卫星数据，观测海藻分布状况，其中IKONOS卫星虽然具有较高的空间分辨率，但价格昂贵；Landsat卫星的空间分辨率优于Meris，且价格相对实惠，更适合大范围的资源调查。相较于效率较低的定点人工采样与受天气制约的卫星调查，基于机载海洋激光的高效雷达探测技术正逐步在欧美等发达国家兴起。

根据多年来在浙江沿海海藻场研究过程中已掌握的技术方法及现有的调查设备，采取了声学测扫加潜水采样的调查方法，并结合我国近海藻场的水深、水动力、近海地质等实际情况，制定了全国沿海重点藻场调查的操作流程，并制定了相应的调查规范。综合考虑我国大型海藻资源相关的历史文献、海藻自然分布特征及各地环境现状等，筛选了受人类干扰较小的沿海各省重点藻场进行调查；同时，在调查过程中，还根据走访当地渔业管理单位及渔民获得的一些信息，追加了部分重要海藻场的调查，累计开展现场调查的海藻场达50余个。

一、声学测扫

在每个调查站点，通过走访民众了解海藻场分布方位，通过船载声呐探测设备进行双环线及S形走航测扫（图2-1-1），完成测扫所需设备主要包括回声探测仪 BioSonics（图2-1-2a）及多功能水质仪 Cast Away-CTD（图2-1-2b）。

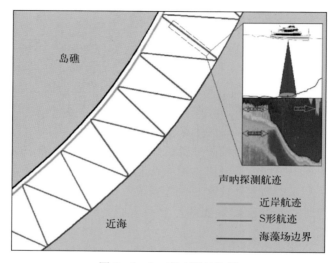

图2-1-1 声呐测扫航线

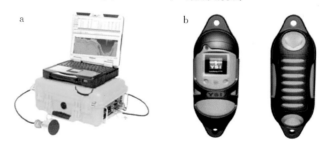

图2-1-2 声学测扫设备
a. 回声探测仪 b. 多功能水质仪

走航测扫尽量选择高潮时，首先进行近岸绕岛测扫，测扫船只以3 kn的航速靠近沿岸航行，然后驶向离岸方向，根据计算机反馈显示，至无海藻生长处，进行藻场外边界测扫，完成双环线走航后，根据GPS定位系统，在两航线间以S形航向测扫并将测扫时间、地点、水温、盐度等参数记录于声学测扫记录表。

为避免钢材船体对声学数据的干扰影响，设计了多功能换能器支架（图2-1-3a），主要由承台、水平悬杆及垂侧杆组成，通过螺栓连接将其固定在近岸船侧，并与船舷保持50～100 cm距离，减少了船舶航行的噪声干扰（图2-1-3b）。

便携式回声探测仪 BioSonics 技术指标：

发射功率：105 W

图 2 - 1 - 3 换能器支架及组装

电源需求：12～18 V 直流电或 85～264 V 交流电

发射声源水平：213 dB

脉冲长度：0.4 ms

发射频率：5 Hz

距离分辨率：1.7 cm

精度：1.7 cm±深度的 0.2%

探测深度：0～100 m

仪器操作温度：0～50 ℃

单频率：200 kHz

波束角度：8.5°～9°，锥形

野外潜水采样及声学测扫工作结束后，对该海域藻场特征进行统计与分析，主要包括藻种组成及优势度分析。根据潜水采样获得的株高、覆盖度及水深数据，对声学数据进行参数校验，而后进行数据处理，统计海藻场优势种株高、覆盖度，参照当地潮高基准面计算海藻生长水深等。根据海藻分布边界线计算藻场面积，并绘制海藻场分布图、海藻株高图和覆盖度图。

二、潜水采样

根据回声探测仪反射强度，判断出海藻场繁盛区域，并结合实际水深、波浪强度，选取东、西、南、北不同方位的代表性藻场进行潜水采样。采用断面调查方式进行，低潮时在海藻场选择代表性站点，通过 SCUBA（Self - Contained Underwater Breathing Apparatus）水下固定样框采集样框内所有藻体，并进行水下原位生态拍摄。每个站点设置 3 条垂直岸线的平行样带，固定样带一端于低潮线处，另一端随底质高低起伏自然延伸至无海藻生长区域（图 2 - 2 - 1）。结合潮下带海藻场海藻的分布水层与现场海域岛礁坡度的状况，将潮下带调查水域分为近岸、中岸、远岸共 3 个采样区，因样带沿岩礁底质高低起伏，同一采样区至少采集 3 个平行样，样方框大小为 30 cm×30 cm，同时记录每个样方框采样的时间、对应水深及 GPS 水下定位，对样方框内的所有生物进行拍照记录、采集（图 2 - 2 - 2）。

在每个站点定量取样的同时，尽可能将该站点附近出现的种类收集完全，作为定性分

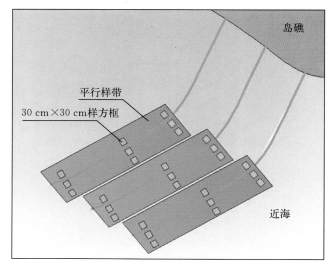

图 2-2-1　水下平行带及样方采样

析的依据，以全面反映各断面的种类组成和分布，将天气、采样站点、时间、底质等数据记录于潜水采样记录表。

图 2-2-2　定量框及潜水采样

　　海藻样本采集后，按采样站点、采样断面、采样站号，将定量样品和定性样品分开，对样品进行初步鉴定，并按种为单位分装、编号和登记。难以鉴定的藻种装入特定密封袋，并写好标签。吸水纸吸干藻体表面水分后，用电子天平对其进行质量（鲜重）测定，并记录于海藻测定记录表，最后将未分类的样品分门类送至特定专家鉴定。经鉴定、记录后的海藻样本用5％的中性海水福尔马林溶液固定，按分类系统依次排列、编号，定性与定量样本分开保存。

三、问卷补遗

　　受海况、调查次数、当地天气及潜水要求等条件限制，可能无法全面掌握我国近岸各地海藻场现况，故设计了《海藻场调查问卷》，以便对照是否遗漏信息。问卷调查通过现场发放纸质问卷、微信线上答卷两种方式进行信息采集。调查期间，走访了多地农业技术推广站及海洋研究单位，向相关专家咨询本地海藻场近年来变动情况及利用方式等。

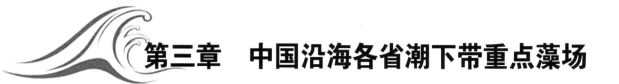

第三章　中国沿海各省潮下带重点藻场

在全国设置 50 余个调查站点的基础上，根据现有历史资料、近岸底质类型、海区水环境特征、相关专家与渔业管理部门咨询及本次调查结果，对重点藻场进行筛选，并按省份归属分述如下。

一、辽宁省

1. 环境特征

辽宁省位于中国东北地区南部，地处 118°53′—125°46′E、38°43′—43°26′N。海岸线东起鸭绿江口，西至山海关老龙头，全长 2 805.6 km，其中大陆海岸线全长 2 178.0 km，岛屿岸线长 627.6 km，基岩岸线长 260.24 km。大部分地区属温带大陆性气候，辽东半岛属暖温带气候，并具有海洋性气候的特点。夏季光照最为充足，春秋时节较少，冬季光照最少。

水温： 辽宁省沿海地区水温随季节变化波动较大。春季时水温为 7.7～19.4 ℃，全年水温最高季节为夏季，沿岸表层水温为 18～28 ℃，比春季高 10 ℃左右；秋季时水温则迅速降低，近岸水温远低于外海。冬季全年水温最低，近岸水温低于外海，部分海区沿岸甚至出现结冰现象。

盐度： 春季、夏季时节，辽宁省沿岸盐度低于外海，变化范围为 22.99～32.00；秋季盐度开始普遍升高，变化范围为 23.48～32.40，冬季可达 27.00～32.80，平均值为 27.74。盐度最低值多发生在江河汛期的 8 月，最高值多出现在冬季 12 月至翌年 2 月，沿岸盐度最大年差为 8.48。

潮汐： 辽宁省旅顺口区至丹东鸭绿江口近海为规则半日潮区，潮位最高时为 4～8 m，潮位最低时为 -1.5～1 m。平均潮差由旅顺向丹东鸭绿江口递增，旅顺平均潮差为 1.71 m，丹东鸭绿江口的平均潮差可达 4.23 m。旅顺至葫芦岛团山角近海为不规则半日潮地区。位于辽东湾东岸的营口至大连西部沿岸的平均潮差和位于西岸的锦州至葫芦岛沿岸的平均潮差呈对称分布，为 0.7～1.2 m，营口北部、盘锦和锦州潮差较大，可达 2.0～2.4 m。

底质： 渤海沿岸底质中砾石滩、沙滩和淤泥滩的比例较大，且呈交错排列，仅在辽东湾盖平角以南、莱州湾蓬莱角附近及葫芦岛、觉华岛一带有基岩海岸分布。全省海岛大部分集中分布于黄海北部，基岩海岸的比例较大，辽东半岛南部大部分沿岸均为基岩海岸。

波浪： 辽宁省沿海春季平均波高小于 0.5 m；夏季平均波高为全年最低，小于 0.4 m；秋季平均波高小于 0.6 m；冬季平均波高小于 0.6 m。

2. 重点藻场

根据查阅的历史文献资料分析，辽宁省沿岸潮下带海藻场主要分布于辽东半岛东侧、葫芦岛近岸。

2018 年 7 月 17—19 日和 2019 年 7 月 24—26 日对大耗子岛、黄金山、觉华岛等地重点藻场资源展开调查，共采集 40 个样方框海藻样本（表 3-1-1）。

辽宁旅顺海藻场

表 3-1-1　辽宁省潮下带海藻场调查站点经纬度

编号	站点名称	调查时间	底质	纬度	经度
1	黄金山	2018.7.17 2019.7.24	礁石、沙滩	38°47′30.29″	121°16′10.55″
2	大耗子岛	2018.7.19	礁石	39°02′58.25″	122°48′49.28″
3	觉华岛	2019.7.27	礁石、泥沙	40°30′49.77″	120°49′16.37″
4	仙浴湾	2019.7.26	礁石、沙滩	39°44′13.09″	121°27′26.11″
5	营口市	2018.7.19	泥沙	40°38′37.95″	122°08′55.58″
6	东港市	2018.7.20	泥沙	39°50′20.02″	124°10′18.58″
7	庄河市	2018.7.21	礁石	39°38′27.64″	122°59′11.26″

3. 种类组成及分布

辽宁省近岸潮下带海藻场资源丰富，其中红藻门（Rhodophyta）种类最多，褐藻门（Phaeophyta）次之，绿藻门（Chlorophyta）最少，优势种有裙带菜（*Undaria pinnatifida*）、日本角叉菜（*Chondrus nipponicus*）、鸡毛菜（*Pterocladia tenuis*）、海带（*Laminaria japonica*）、海黍子（*Sargassum muticum*）、海蒿子（*Sargassum confusum*）、铜藻（*Sargassum horneri*）、海膜（*Halymenia sinesis*）、蜈蚣藻（*Grateloupia filicina*）、锯齿马尾藻（*Sargassum serratifolium*）、石花菜（*Gelidium amansii*）、孔石莼（*Ulva pertusa*）、厚叶马尾藻（*Sargassum crassifolium*）、叉节藻（*Amphiroa ephedraea*）等。

辽宁省近岸海域的水温随季节更替不断变化，海藻种类发生、生长和繁殖等方面呈现出明显的季节变化特性，全省潮下带底栖藻类的温度属性多以暖温带为主，带有一定的亚热带性，藻场面积 1.30～26.02 km²，生物量 0.90～38.74 kg/m²。大连市周边海域受大陆季风性气候影响，全年水温变化较大，温差 20 ℃左右，盐度变化范围在 23～32，相较于辽宁省其他沿海城市，大连市近岸具有最大的海藻资源量。

潮下带海藻场主要分布水深（以平均最低潮位为基准，下同）小于 14.98 m，离岸（以藻场分布内外缘边界为基准，下同）5～100 m，宽幅为 5～8 m，覆盖度（海藻相对于地面投影比率，下同）为 10%～70%（表 3-1-2）。各调查站点海藻株高、覆盖度见图 3-1-1 至图 3-1-8。

表 3-1-2　辽宁省重点潮下带海藻场分布特征

藻场区域	支撑藻种	生物量 (g/m²)	株高 (cm)	覆盖度 (%)	离岸范围 (m)	宽幅 (m)	水深范围 (m)
黄金山	裙带菜 海黍子 海蒿子	13 835.58	38.4～518.8	30～70	15～75	10～50	≤12.90
大耗子岛	铜藻 裙带菜 海带	38 739.28	73.54～192.97	30～40	15～60	20～50	≤14.98
仙浴湾	厚叶马尾藻	1 330.87	9.8～11.9	10～20	15～100	50～80	≤4.37
觉华岛	孔石莼	898.60	—	10～20	5～45	5～30	≤6.15

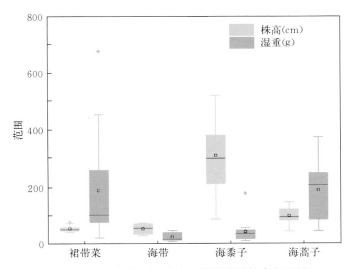

图 3-1-1　旅顺口区黄金山优势藻种株高与湿重

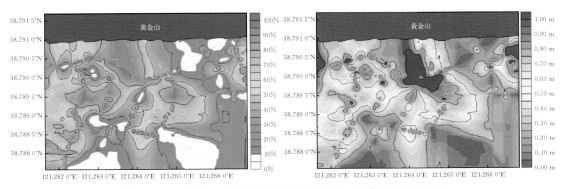

图 3-1-2　旅顺口区黄金山海藻场覆盖度、株高（2018.7.17）

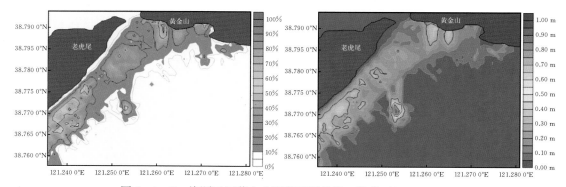

图 3-1-3　旅顺口区黄金山海藻场覆盖度、株高（2019.7.24）

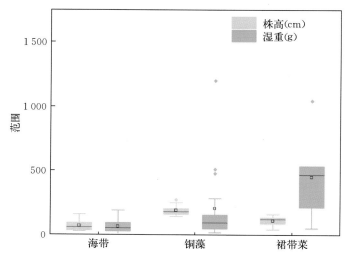

图 3-1-4　长海县大耗子岛优势藻种株高与湿重

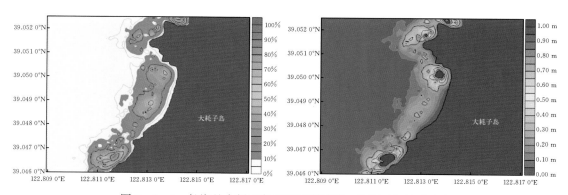

图 3-1-5　长海县大耗子岛海藻场覆盖度、株高（2018.7.19）

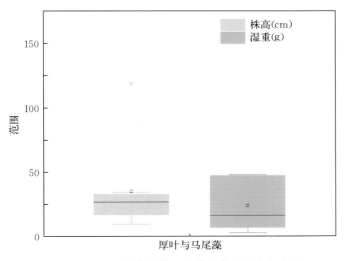

图 3-1-6　瓦房店市仙浴湾优势藻种株高与湿重

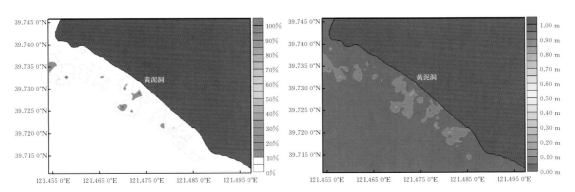

图 3-1-7　瓦房店市黄泥洞海藻场覆盖度、株高（2019.7.26）

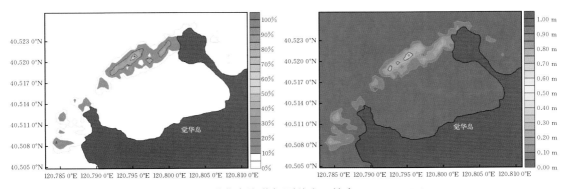

图 3-1-8　觉华岛海藻场覆盖度、株高（2019.7.27）

4. 利用现状

辽宁省沿海药用海藻资源相当丰富，种类繁多，为81种，其中红藻门45种，褐藻门22种，绿藻门14种。裙带菜具有抗肿瘤、抗凝血作用，可预防动脉硬化、治疗心血管疾病及甲状腺肿大。辽宁省大连市沿岸裙带菜分布较多，生物量较大，达 522 g/m^2，已成为人工增养殖品种。

瓦房店市仙浴湾黄泥洞近海主要藻种为孔石莼、厚叶马尾藻，当地政府充分利用近岸海藻场生态海域建设仙浴湾旅游度假区。大连晓琴食品有限公司也充分利用海藻场资源养护功效，规模化养殖海参、海胆等海珍品。

长海县大耗子岛盛产海带、海胆、海参，海藻场的存在为海珍品提供了良好的栖息、避敌、索饵场所。

大连海宝渔业有限公司借助旅顺口区黄金山近岸藻场资源，充分开展海珍品和藻类育苗、增养殖及深加工生产，建成海域面积约 $1\,333 \text{ hm}^2$ 的大型海洋牧场，年产成品鲍、海参、海胆超过 100 t，鲜裙带菜、鲜海带 5×10^4 t。

二、山东省

1. 环境特征

山东省地处东部沿海、黄河下游，位于 $34°24'52''$—$38°15'02''$N、$114°19'53''$—$122°43'$E，属温带季风性气候区，略有海洋性气候。全省岸线长 3 345 km，其中，基岩岸线长 1 464.44 km，人工和自然岸线分别占全省海岸线长度的38%、62%。

水温： 山东近海冬季气温寒冷，水温最低，为−1.2~7 ℃；春季水温逐渐升高，为8~13 ℃；夏季太阳辐射强，水温最高，为23~26 ℃；秋季水温逐渐下降，为13~19 ℃。

盐度： 山东近海是中国近海盐度最低的海区，年平均值约30.0。冬季平均盐度31~32；春季平均盐度30.5~31.5；夏季莱州湾内的盐度值低于29.0，渤海湾小于30.5；秋季盐度分布均匀，大部分海域盐度为31.0。

潮汐： 山东省海域潮汐类型多样，包括规则半日潮、不规则全日潮以及不规则半日潮。渤海海峡为规则半日潮，老黄河口海域为不规则半日潮和不规则全日潮，渤海湾、莱州湾为不规则半日潮，山东半岛南岸基本为规则半日潮区。山东半岛北侧和东侧最大潮差不超过 3 m，平均潮差不超过 1.7 m。山东半岛南侧的最大潮差在 4.2 m 以上，平均潮差在 2.4 m 以上。

底质： 山东省近岸以沙质海岸、基岩海岸及淤泥质海岸为主，其中基岩海岸北起莱州湾虎头崖，南止日照岚山头，渤海区多为泥沙质滩涂，南黄海区泥质、泥沙质交错分布。全省岸线曲折，港湾众多，水质较好。

波浪： 全省近海11月至翌年1月，北部多以西北向浪为主，月平均波高在1.0~1.5 m，其他各月波高均小于1.0 m。东南部以北向浪为主，平均波高在0.5~1.5 m，12月至翌年2月，波高为1.1~1.5 m，5—8月波高较小，为0.5~0.6 m。

2. 重点藻场

根据查阅历史文献资料、专家咨询、群众走访获悉，山东省近岸潮下带海藻场主要分布于烟台市、威海市（荣成市）近岸。2018 年 7 月 11 日至 8 月 11 日和 2019 年 7 月 19—22 日两次对烟台南隍城岛、养马岛以及青岛太平角等地重点藻场资源展开调查，共采集 69 个样方框海藻样本（表 3 - 2 - 1）。

表 3 - 2 - 1　山东省潮下带海藻场调查站点经纬度

编号	站点名称	调查时间	底质	纬度	经度
1	黄岛金沙滩	2018.7.11	沙滩	35°58′02.58″	120°16′11.13″
2	养马岛	2018.7.12	礁石	37°28′08.14″	121°36′20.50″
3	南隍城岛	2018.7.15	礁石、沙滩	38°21′25.33″	120°53′49.35″
4	南长山岛	2018.7.16	礁石、沙滩	37°54′29.76″	120°45′18.53″
5	汇岛	2018.8.5	礁石	36°41′02.22″	121°39′36.79″
6	楮岛	2018.8.6	沙滩、礁石	37°02′37.73″	122°33′42.23″
7	鸡鸣岛	2018.8.7	礁石	37°27′08.73″	122°28′51.65″
8	任家台	2019.7.19	礁石、沙滩	35°30′29.45″	119°37′32.59″
9	太平角	2019.7.21	礁石	36°02′30.97″	120°21′30.37″
10	仰口	2019.7.22	礁石	36°18′10.25″	120°39′40.04″

3. 种类组成及分布

山东省近岸潮下带海藻场资源丰富，优势种有海黍子（*Sargassum muticum*）、裙带菜（*Undaria pinnatifida*）、海带（*Laminaria japonica*）、鼠尾藻（*Sargassum thunbergii*）、孔石莼（*Ulva pertusa*）、厚网藻（*Pachydictyon coriaceum*）、厚缘藻（*Rugulopteryx okamurae*）、囊藻（*Colpomenia sinuosa*）、扁江蓠（*Gracilaria textorii*）、叶状铁钉菜（*Ishige foliacea*）、石花菜（*Gelidium amansii*）、扇形拟伊藻（*Ahnfeltiopsis flabelliformis*）、真江蓠（*Gracilaria vermiculophylla*）、叉珊藻（*Jania decussato-dichotoma*）、海蒿子（*Sargassum confusum*）、铜藻（*Sargassum horneri*）、日本角叉菜（*Chondrus nipponicus*）、冈村凹顶藻（*Laurencia okamurai*）、萱藻（*Scytosiphon lomentarius*）、鸡毛菜（*Pterocladia tenuis*）、凹顶藻（*Laurencia chinensis*）、羊栖菜（*Sargassum fusiforme*）、海头红（*Plocamium telfairiae*）、顶群藻（*Acrosorium yendoi*）、鸭毛藻（*Symphyocladia latiuscula*）、珊瑚藻（*Corallina officinalis*）、龙须菜（*Gracilaria lemaneiformis*）、绳藻（*Chorda filum*）等。

山东沿海地理位置优越，海生藻类植物资源丰富，潮下带海藻场面积 7.32～43.93 km²，生物量 0.28～18.53 kg/m²，共有藻类 130 多种。潮下带大型底栖海藻生物量有明显的季节变化特点：春季＞夏季＞秋季＞冬季。藻类群落优势种无季节性变化，绝对优势种为孔石莼。

潮下带海藻场主要分布水深小于 14.97 m，离岸距离为 5～300 m，宽幅为 10～200 m，覆盖度为 20%～60%（表 3-2-2）。各调查站点海藻场株高、覆盖度见图 3-2-1 至图 3-2-20。

表 3-2-2　山东省重点潮下带海藻场分布特征

藻场区域	支撑藻种	生物量 (g/m²)	株高 (cm)	覆盖度 (%)	离岸范围 (m)	宽幅 (m)	水深范围 (m)
养马岛	海黍子	1 538.69	9.4～128.9	30～50	5～15	15～35	≤11.10
南隍城岛	裙带菜 海带 海黍子	18 530.12	42.2～414.2	35～50	5～35	10～30	≤14.86
楮岛	裙带菜 海黍子	7 237.78	18.7～88.1	20～60	20～300	50～200	≤4.06
汇岛	海黍子	1 619.93	27.5～71.5	30～50	15～60	20～40	≤12.78
鸡鸣岛	裙带菜 海黍子	7 551.29	23.7～252.1	20～50	15～20	15～35	≤14.97
太平角	裙带菜	6 367.51	23.0～60.0	40～50	10～200	10～40	≤14.06
仰口	裙带菜 鼠尾藻	2 914.27	19.2～111.1	30～40	30～130	10～40	≤6.61
任家台	鼠尾藻	283.81	20.1～117.8	30～40	20～50	10～30	≤6.49

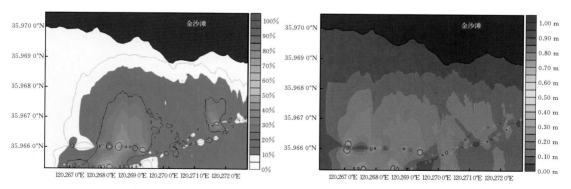

图 3-2-1　黄岛区金沙滩海藻场覆盖度、株高（2018.7.11）

图 3-2-2　黄岛区金沙滩浒苔、鼠尾藻、裙带菜

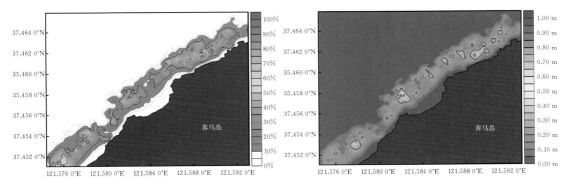

图 3-2-3　养马岛海藻场覆盖度、株高（2018.7.12）

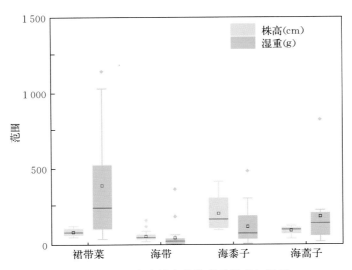

图 3-2-4　南隍城岛优势藻种株高与湿重

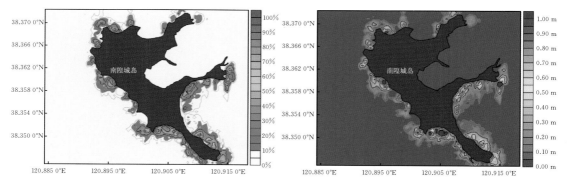

图 3-2-5　南隍城岛海藻场覆盖度、株高（2018.7.15）

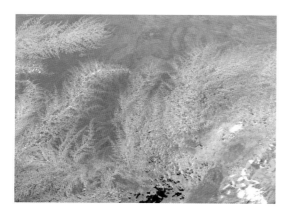

图 3-2-6　南隍城岛海黍子

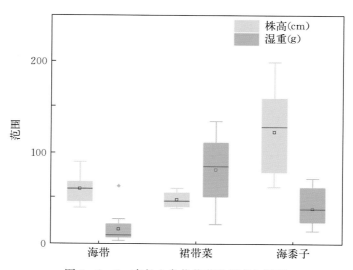

图 3-2-7　南长山岛优势藻种株高与湿重

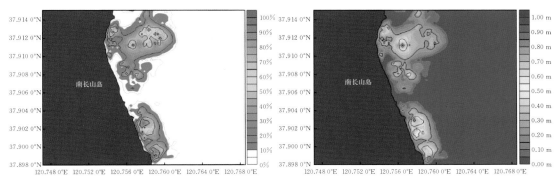

图 3-2-8　南长山岛海藻场覆盖度、株高（2018.7.16）

图 3-2-9　南长山岛海黍子

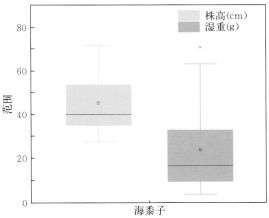

图 3-2-10　汇岛优势藻种株高与湿重

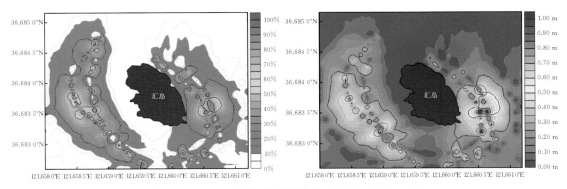

图 3-2-11　汇岛海藻场覆盖度、株高（2018.8.5）

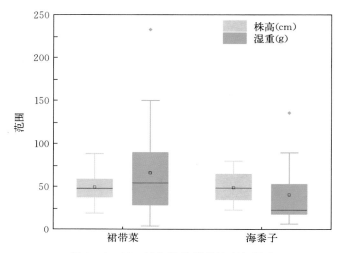

图 3-2-12　楮岛优势藻种株高与湿重

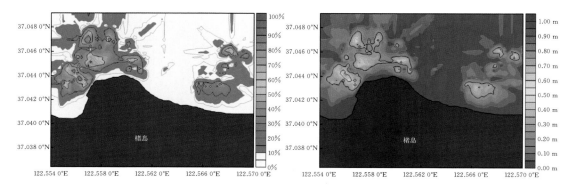

图 3-2-13　楮岛海藻场覆盖度、株高（2018.8.6）

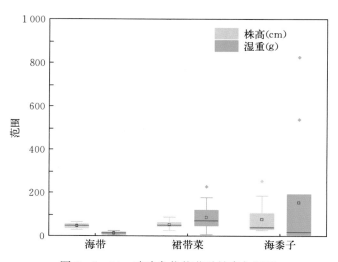

图 3-2-14　鸡鸣岛优势藻种株高与湿重

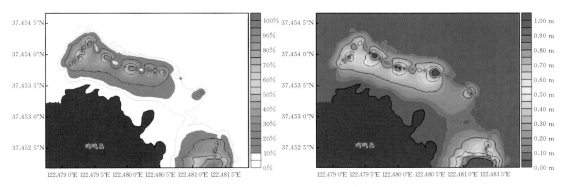

图 3-2-15　鸡鸣岛海藻场覆盖度、株高（2018.8.7）

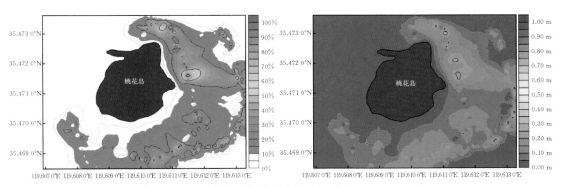

图 3-2-16　任家台海藻场覆盖度、株高（2019.7.19）

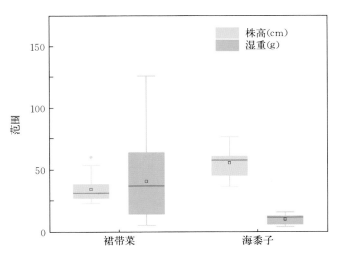

图 3-2-17　太平角优势藻种株高与湿重

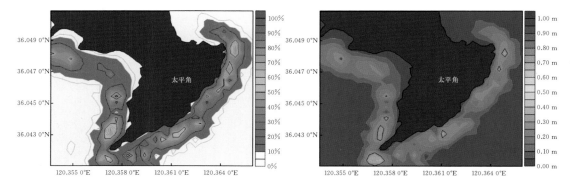

图 3-2-18　太平角海藻场覆盖度、株高（2019.7.21）

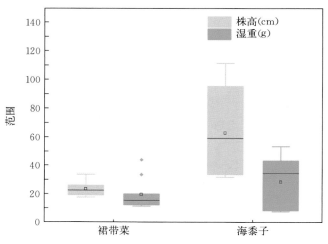

图 3-2-19　仰口优势藻种株高与湿重

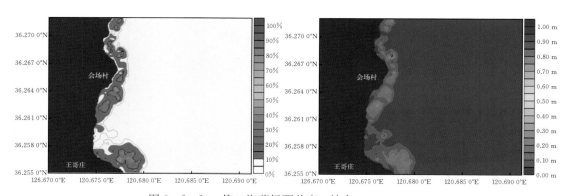

图 3-2-20　仰口海藻场覆盖度、株高（2019.7.22）

4. 利用现状

山东省近海常年水质清澈，透明度较高，近海大型海藻资源繁盛，尤以海带、海黍子、裙带菜生物量较大。青岛市太平角、黄岛区金沙滩以及威海市鸡鸣岛作为旅游景区，海藻场资源保护较好，岩礁区海黍子株高可达 2～3 m。南隍城岛、南长山岛地处黄渤海交汇口，陆源污染较小，水体透明度较高，南菜园湾、龙门洞、烽山公园等处繁盛的天然海藻场为扇贝、海胆、海参等海洋生物提供了良好的生息场所。青岛市太平角、日照市任家台及威海市乳山市汇岛等处，每年夏季浒苔大面积暴发，近岸水质受到严重污染，底栖海藻资源量逐年递减。

山东省重点藻场利用方式主要包括海钓、水产养殖、建设滨海公园及生态景区等。长岛县四面环海，是我国扇贝之乡，盛产栉孔扇贝、刺参、皱纹盘鲍、光棘球海胆等海珍品，优良的藻场资源为当地水产养殖业提供了天然保障。威海市鸡鸣岛旅游开发有限公司积极发挥特有的藻场资源开发岛屿旅游产业，广大游客慕名而来，进行海钓、野炊等休闲活动。青岛市太平角礁石成群，风光秀丽，繁盛的底栖藻类为鱼类提供了丰富的饵料生物，进而吸引了众多垂钓爱好者前来垂钓。

三、江苏省

1. 环境特征

江苏省地处江淮下游、黄海与东海之滨，介于 30°45′—35°20′N、116°18′—121°57′E，属北亚热带向暖温带过渡的季风气候区，海岸线长 888.945 km，其中海岛岸线长 84.74 km。

水温：江苏近海全年水温变化范围为 5.70～31.00 ℃，春季平均水温 14.34 ℃，夏季平均水温 27.47 ℃，秋季平均水温 20.74 ℃，冬季平均水温 7.75 ℃。

盐度：江苏近海全年盐度变化范围为 2～33.39，春季平均盐度 30.36，夏季平均盐度 27.55，秋季平均盐度 29.06，冬季平均盐度 29.80。

潮汐：江苏省沿岸及南部海区多为规则半日潮，北部海区大部分属不规则半日潮。弶港至小洋口潮差最大，平均潮差 3.90 m 以上，长江口沿岸平均潮差小于 3.00 m，大潮流速约 1.50 m/s。

底质：江苏省近岸以粉沙淤泥质海岸为主，自然岸线主要类型有沙质岸线和基岩岸线，基岩岸线长 8.36 km，沙质岸线长 1.78 km，其他为人工岸线。全省仅连云港近岸基岩海岸较多，长约 7.76 km。

波浪：江苏近海波浪是以风浪为主的混合浪，受季风影响，盛行偏北向浪。春季有效波高 0.10～1.56 m，均值为 0.63 m；夏季有效波高 0.10～1.70 m，均值为 0.62 m；秋季有效波高 0.25～2.85 m，均值为 0.97 m；冬季有效波高 0.14～1.74 m，均值为 0.58 m。

2. 重点藻场

根据查阅的历史文献资料分析、专家咨询、群众走访获悉，仅连云港市连云区及近岸岛屿处分布有大型藻类，前三岛乡为潜在海藻场分布区。2018 年 7 月 30 日对江苏省车牛山岛、牛背岛等地重点藻场资源展开调查，共采集 5 个样方框海藻样本。（表 3-3-1）。

表 3-3-1 表 3-3-1　江苏省潮下带海藻场调查站点经纬度

站点名称	调查时间	底质	纬度	经度
车牛山岛、牛背岛	2019.7.30	礁石	34°59′38.85″	119°49′21.67″

3. 种类组成及分布

江苏省前三岛乡近岸潮下带海藻场资源较为丰富。江苏省近海潮下带海藻场面积为 0.04～0.13 km²，生物量约为 1.30 kg/m²，共有海藻 45 种，优势种有软叶马尾藻（*Sargassum tenerrimum*）、波状网翼藻（*Dictyopteris undulata*）、鸡毛菜（*Pterocladia tenuis*）、孔石莼（*Ulva pertusa*）等。

潮下带海藻场主要分布水深小于 14.95 m，离岸距离为 5～15 m，宽幅为 5～10 m，覆盖度为 10%～40%（表 3-3-2），调查站点海藻株高、覆盖度见图 3-3-1 至图 3-3-3。

表 3-3-2　江苏省重点潮下带海藻场分布特征

藻场区域	支撑藻种	生物量 (g/m²)	株高 (cm)	覆盖度 (%)	离岸范围 (m)	宽幅 (m)	水深范围 (m)
前三岛乡	软叶马尾藻	1 308.02	33.5～87.8	10～40	5～15	5～10	≤14.95

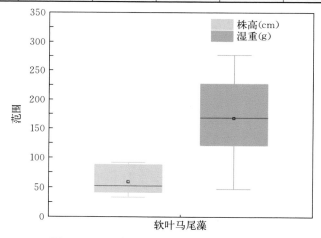

图 3-3-1　车牛山岛优势藻种株高与湿重

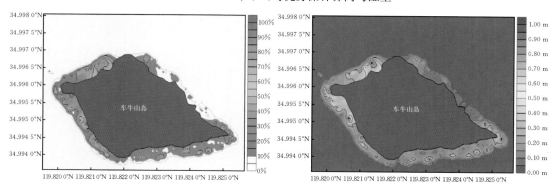

图 3-3-2　车牛山岛海藻场覆盖度、株高（2019.7.30）

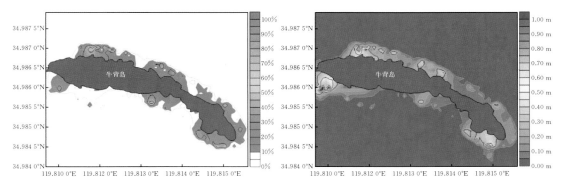

图 3 - 3 - 3　牛背岛海藻场覆盖度、株高（2019.7.30）

4. 利用现状

江苏省沿岸泥沙底质较多，海藻场主要分布于连云港市沿岸及近岸岛屿处，海藻生物量较大，主要藻种为软叶马尾藻、孔石莼等。车牛山岛离岸较远，周边海域水质较好，透明度较高，当地养殖单位底播养殖海参、海胆等海珍品。如江苏秦山岛渔业公司充分利用岛礁藻场资源，在车牛山岛近岸养殖海参、鲍等海珍品。

四、浙江省

1. 环境特征

浙江省地处中国东南沿海长江三角洲南翼，地跨 27°02′—31°11′N、118°01′—123°10′E，东临东海，属亚热带季风气候，海岸线总长 6 714.7 km，其中大陆岸线长 2 218.0 km，海岛岸线长 4 496.7 km，基岩岸线长 4 255.53 km。浙江海域自西向东、由西北向东南水深逐渐增加，水深 0～5 m 海域面积为 3 029.7 km²，水深 5～10 m 海域面积为 8 481.1 km²，水深 10～20 m 海域面积为 11 992.9 km²。

水温：近海表层多年平均水温为 17.0～18.7 ℃，年变幅在 15.5～21.9 ℃，总体由南往北、自东向西递减。春季近海表层水温为 14～15 ℃，夏季为 25～29 ℃，秋季为 16～22 ℃，冬季为 8～12 ℃。

盐度：近海盐度年平均值介于 12～30，自北向南、从近岸向外海递增，且东西向梯度大于南北向。北部杭州湾、舟山近海盐度等值线分布密集，南向海域等盐度线与岸线走向平行，分布较为稀疏。表层盐度低于中、下层，垂向盐度差近海小于远岸海区；夏季表层受长江冲淡水影响，底层受台湾暖流影响，层化现象较冬季明显。

潮汐：浙江近海潮汐类型基本属规则半日潮，仅杭州湾局部水域（镇海）及舟山群岛部分海区潮汐类型为不规则半日潮混合潮，近岸处因浅海分潮的影响，其潮汐类型通常为不规则半日潮浅潮。

底质：浙江省近海岸线曲折，海岸类型有人工护岸、基岩、沙质、泥质及河口 5 种主要类型。浙江省由北向南分布着杭州湾、象山港、三门湾及乐清湾等诸多海湾，列岛星罗棋布，如北部的岱山列岛、大衢山列岛和嵊泗列岛，南部的玉环岛、洞头岛、南麂列岛等。

波浪：浙江省近海春季以东北向波浪为主，平均波高为0.9 m，有效波高0.3～2.5 m；夏季以西南向波浪为主，平均波高为1.1 m，有效波高0.3～2.5 m；秋季以东北向波浪为主，平均波高为1.4 m，有效波高0.4～3.1 m；冬季以北向波浪为主，平均波高为1.3 m，有效波高0.3～2.6 m。

2. 重点藻场

根据历史文献资料分析、专家咨询、群众走访获悉，浙江省沿岸潮下带海藻场主要分布于马鞍列岛、渔山列岛和南麂列岛等。2018年5月14日至7月6日和2019年5月16—29日多次对浙江省马鞍列岛、渔山列岛、南麂列岛等地近岸藻场资源进行调查，共采集126个样方框海藻样本。（表3-4-1）。

表3-4-1　浙江省潮下带海藻场调查站点经纬度

编号	站点名称	调查时间	底质	纬度	经度
1	南麂列岛	2018.5.14 2018.5.15	礁石	27°27′30.76″ 27°26′06.57″	120°57′57.00″ 121°04′42.29″
2	渔山列岛	2018.5.19	礁石	28°53′10.29″	122°15′17.71″
3	嵊山岛	2018.6.4 2019.5.12	礁石、沙滩	30°43′42.93″	122°49′14.76″
4	壁下岛	2018.6.5 2019.5.22	礁石	30°46′44.18″	120°47′05.48″
5	绿华岛	2018.6.6 2019.5.24	礁石	30°49′20.88″	122°28′28.35″
6	三横山	2018.6.7 2019.5.29	礁石	30°47′21.23″	122°39′50.96″
7	花鸟岛	2018.6.8 2019.5.29	礁石	30°50′47.64″	122°40′12.39″
8	枸杞岛	2018.7.6 2019.5.16	沙滩、礁石	30°42′52.61″	122°44′14.28″

3. 种类组成及分布

浙江省近岸潮下带海藻场资源丰富，优势种有囊藻（*Colpomenia sinuosa*）、网地藻（*Dictyota dichotoma*）、拟鸡毛菜（*Pterocladiella capillacea*）、角叉菜（*Chondrus ocellatus*）、细枝软骨藻（*Chondria tenuissima*）、粗枝软骨藻（*Chondria crassicaulis*）、舌状蜈蚣藻（*Grateloupia livida*）、裙带菜（*Undaria pinnatifida*）、厚网藻（*Pachydictyon coriaceum*）、贴生美叶藻（*Callophyllis adnata*）、附着美叶藻（*Callophyllis adhaerens*）、日本多管藻（*Polysiphonia japonica*）、孔石莼（*Ulva pertusa*）、叉珊藻（*Jania decussato-dichotoma*）、苍白刚毛藻（*Cladophora albida*）、密毛沙菜（*Hypnea boergesenii*）、鸡毛菜（*Pterocladia tenuis*）、日本仙菜（*Ceramium japonicum*）、扇形叉枝藻（*Gymnogongrus flabelliformis*）、萱藻（*Scytosiphon lomentarius*）、麻黄叉节藻（*Amphiroa ephedraea*）、海膜（*Halymenia sinesis*）、异枝凹顶藻（*Laurencia intermedia*）、粗珊藻（*Calliarthron yessoense*）、鼠尾藻（*Sargassum thunbergii*）、羊栖菜（*Sargassum fusiforme*）、铁钉菜（*Ishige okamurai*）、珊瑚藻（*Corallina officinalis*）、瓦氏马尾藻（*Sargassum vachellianum*）、草叶马尾藻（*Sargassum graminifolium*）、铜藻（*Sargassum horneri*）、鹅肠菜（*Endarachne binghamiae*）、小杉藻（*Gigartina intermedia*）等。

浙江沿海底栖海藻资源区系属印度—西太平洋区系的北部边缘带，在我国属东海西区。全省近海潮下带海藻场面积 21.28～170.22 km²，生物量 1.14～5.44 kg/m²，共有海藻 193 种，红藻门种类最多，褐藻门次之，绿藻门最少。

潮下带海藻场主要分布水深小于 14.99 m，离岸为 5～40 m，宽幅为 10～30 m，覆盖度为 30%～50%（表 3-4-2）。各调查站点海藻株高、覆盖度见图 3-4-1 至图 3-4-21。

表 3-4-2　浙江省重点潮下带海藻场分布特征

藻场区域	支撑藻种	生物量（g/m²）	株高（cm）	覆盖度（%）	离岸范围（m）	宽幅（m）	水深范围（m）
马鞍列岛	铜藻 瓦氏马尾藻	4 957.94	26.7～137.0	30～50	5～30	15～20	≤14.21
渔山列岛	铜藻 鼠尾藻	5 440.16	12.1～207.0	30～40	10～30	10～20	≤14.97
南麂列岛	羊栖菜 草叶马尾藻	1 137.62	16.2～75.0	30～50	10～40	10～30	≤14.99

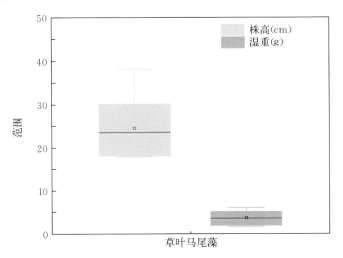

图 3-4-1　南麂上马鞍岛优势藻种株高与湿重

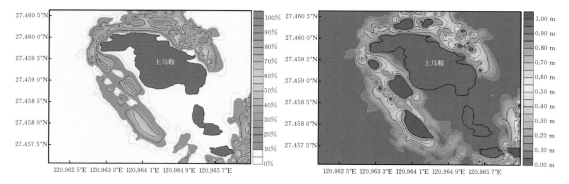

图 3-4-2 南麂上马鞍岛海藻场覆盖度、株高（2018.5.14）

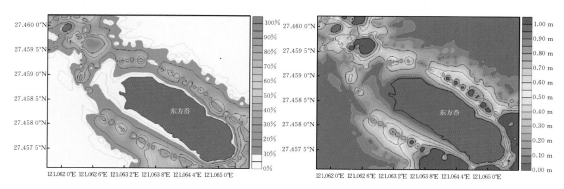

图 3-4-3 南麂东方岙海藻场覆盖度、株高（2018.5.15）

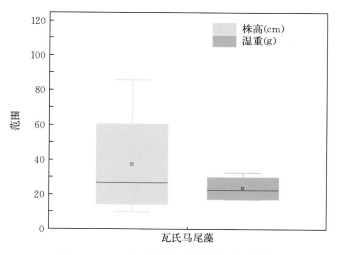

图 3-4-4 渔山岛优势藻种株高与湿重

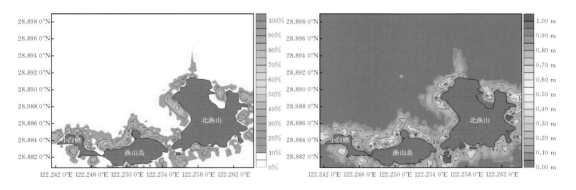

图 3-4-5　渔山列岛海藻场覆盖度、株高（2018.5.19）

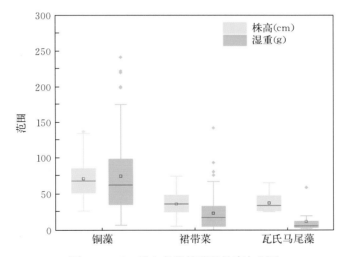

图 3-4-6　嵊山岛优势藻种株高与湿重

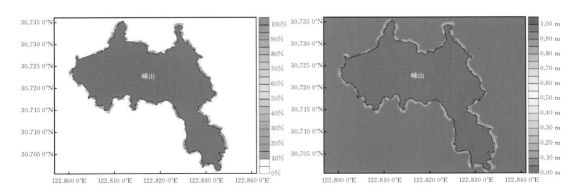

图 3-4-7　嵊山岛海藻场覆盖度、株高（2018.6.4）

图 3-4-8　嵊山岛铜藻、鼠尾藻

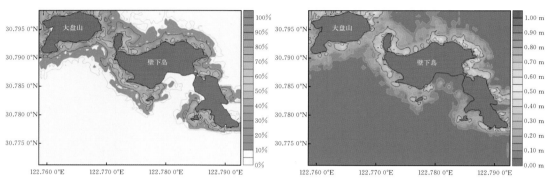

图 3-4-9　壁下岛海藻场覆盖度、株高（2018.6.5）

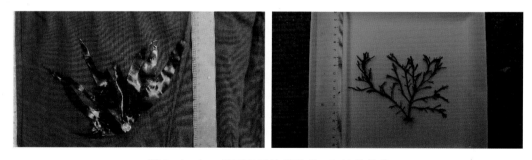

图 3-4-10　壁下岛舌状蜈蚣藻、细枝软骨藻

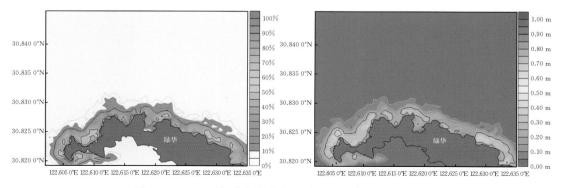

图 3-4-11　西绿华岛海藻场覆盖度、株高（2018.6.6）

图 3-4-12　西绿华岛羊栖菜、厚网藻

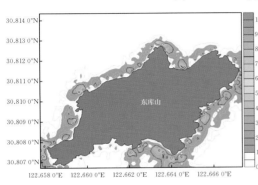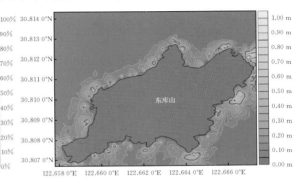

图 3-4-13　东库山海藻场覆盖度、株高（2018.6.7）

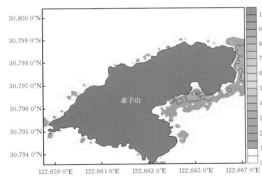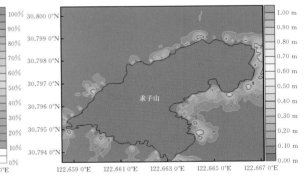

图 3-4-14　求子山海藻场覆盖度、株高（2018.6.7）

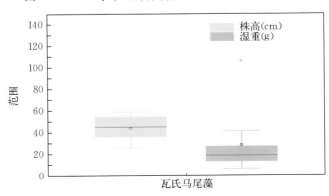

图 3-4-15　上/下三横山优势藻种株高与湿重

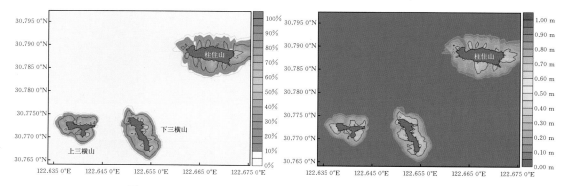

图 3-4-16　上/下三横山海藻场覆盖度、株高（2018.6.7）

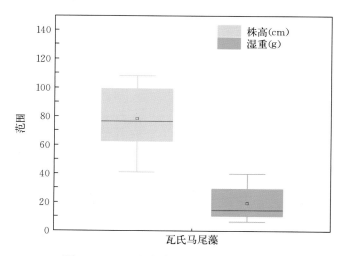

图 3-4-17　花鸟岛优势藻种株高与湿重

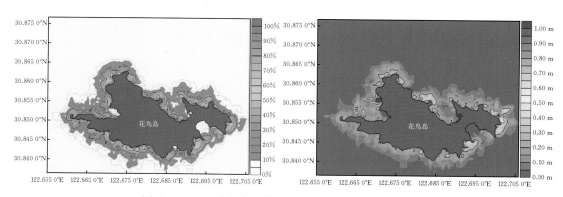

图 3-4-18　花鸟岛海藻场覆盖度、株高（2018.6.8）

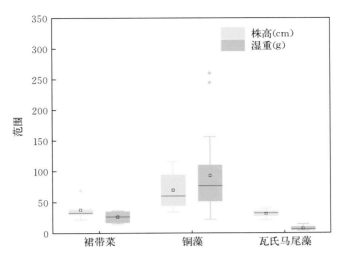

图 3-4-19　枸杞岛优势藻种株高与湿重

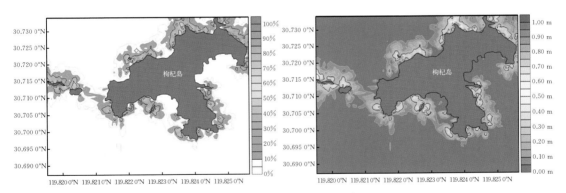

图 3-4-20　枸杞岛海藻场覆盖度、株高（2018.7.6）

图 3-4-21　枸杞岛羊栖菜（左）、瓦氏马尾藻（右）

浙江省近海大型底栖海藻以暖温带种类居多，其次为亚热带种类，冷水性藻类最少。浙北地区地处长江口，受径流影响较大，泥质底质较多，海藻分布较少。全省由北向南藻场面积逐渐增大。浙江沿海藻场多呈斑块状（长度1～30 m）不连续分布，1.2～5.5 m水深范围内海藻生物量较多。水平分布上，由近岸岛屿向外侧岛屿，海藻总体种类逐渐递增，而绿藻种类逐渐减少。

4. 利用现状

南麂列岛海域近年来海水富营养化加重，海藻采集过度，致使海藻生物多样性逐渐下降，群落演替剧烈，石灰质的珊瑚藻类逐渐成为绝对优势种，海藻场面积逐渐缩小，马尾藻属物种逐渐消失。渔山列岛西南向海藻生物量较东北向低，且藻种数较少。浙江近岸海域藻类季节变化显著，春季种类明显多于秋季，这与浙江沿岸的优势种藻类大多属于暖温带种类，夏季和秋季气温偏高从而限制大多数藻类繁殖和生长有一定关联。

浙江省重点藻场利用现状主要为当地渔民采收售卖。每年5—7月海藻繁盛期，常有来自温州的海藻收购商三五结伴，租住于马鞍列岛，大量采割瓦氏马尾藻、鼠尾藻、羊栖菜、铜藻等大型海藻，其中羊栖菜常被当地渔民凉拌速食或腌制成越冬咸菜。枸杞岛本地居民在赶潮时大量捞取漂浮铜藻，经晾晒后作为天然的作物养料。

五、福建省

1. 环境特征

福建省地处我国东南沿海，位于23°31′—28°18′N、115°50′—120°43′E，属亚热带季风气候，年平均气温17～21 ℃，自北向南递增。全省陆地海岸线长3 486 km，海岛岸线长2 502.8 km，基岩岸线长2 737.4 km。

水温：冬季水温12～22 ℃，近岸水温低，远岸水温高；春季水温18～20 ℃，呈现分层现象；夏季水温26～29 ℃，水平分布比较均匀；秋季水温23～27 ℃，水温北低南高，西低东高。

盐度：福建省近海海水盐度分布较稳定，等盐线分布与岸线平行，盐度具有东高西低、南高北低且季节变化明显的特点。终年盐度不高，为26～30，冬季盐度由近岸向远岸递增，为31～34。表底层盐度分布相同，入海径流量对表层盐度分布影响较大。

潮汐：受台湾海峡复杂地形影响，福建北部至中部澎湖列岛为规则半日潮，澎湖列岛南部及南部海域为不规则全日潮，其余海域均为不规则半日潮。全省沿岸平均潮差0.5～3.0 m，中部、北部潮差较大，港湾平均潮差略大，达5 m，港湾潮差由湾口向湾顶逐渐增大。

底质：福建省海岸线曲折绵长，岸线曲折率和深水岸线长度均居全国首位，沿岸多以侵蚀海岸为主，岛屿众多，底质以基岩、泥沙为主。闽江口以北海域海底地形较为平坦，分布有众多岛礁；海坛岛至南日岛间，海底坡度较大；厦门以南多岛屿、暗礁、浅滩。全省沿岸共有基岩岸线、沙质岸线、淤泥质岸线、生物岸线、红土岸线和人工岸线6种。

波浪：福建省沿岸海区波浪较大，平均波高 0.5～2.2 m，平均周期为 2.5～6.7 s。春季以东北向波浪为主；夏季盛行西南季风，以西南向波浪为主；秋冬季以东北向波浪为主。

2. 重点藻场

　　根据历史文献资料分析、专家咨询、群众走访获悉，福建省沿岸潮下带海藻场主要分布于霞浦县、平潭县、东山县近岸。2019 年 6 月 14—25 日共两次对福建省平潭县、东山县、漳浦县（六鳌镇）等地近岸藻场资源进行调查，共采集 41 个样方框海藻样本（表 3-5-1）。

表 3-5-1　福建省潮下带海藻场调查站点经纬度

编号	站点名称	调查时间	底质	纬度	经度
1	六鳌镇	2019.6.14	礁石、沙滩	23°54′52.81″	117°46′23.20″
2	东山县	2019.6.15	礁石	23°39′51.25″	117°29′08.82″
3	霞浦县	2019.6.19	礁石、沙滩	26°39′35.58″	120°07′24.84″
4	崇武镇	2019.6.20	礁石	24°53′24.15″	118°58′29.84″
5	小岞镇	2019.6.21	礁石	24°57′33.29″	119°01′25.70″
6	平潭县	2019.6.25	礁石	25°34′04.47″	119°52′31.99″

3. 种类组成及分布

　　福建省近岸潮下带海藻场优势种有鼠尾藻（*Sargassum thunbergii*）、羊栖菜（*Sargassum fusiforme*）、铁钉菜（*Ishige okamurai*）、珊瑚藻（*Corallina officinalis*）、瓦氏马尾藻（*Sargassum vachellianum*）、半叶马尾藻（*Sargassum hemiphyllum*）、宽扁叉节藻（*Amphiroa dilatata*）、总状蕨藻管状变种（*Caulerpa racemosa* var. *turbinata*）、匍扇藻（*Lobophora variegata*）、密集石花菜（*Gelidium yamadae*）、草叶马尾藻（*Sargassum graminifolium*）、宽角叉珊藻（*Jania adhaerens*）、花石莼（*Ulva conglobata*）、亨氏马尾藻（*Sargassum henslowianum*）、铜藻（*Sargassum horneri*）、叉珊藻（*Jania decussato-dichotoma*）、羽状凹顶藻（*Laurencia pinnata*）、鹅肠菜（*Endarachne binghamiae*）、小杉藻（*Gigartina intermedia*）、瘤枝凹顶藻（*Laurencia glandulifera*）等。

　　福建省近岸水域岛屿星罗棋布，水温和盐度具有明显季节性，是大型海藻生长繁殖的理想场所。全省近岸潮下带海藻场面积 13.69～82.12 km²，生物量 2.36～4.82 kg/m²，共有藻类 110 多种，其中经济价值较高的已有记录 68 种。

　　潮下带海藻场主要分布水深小于 12.05 m，离岸为 5～50 m 范围内，宽幅为 5～30 m，覆盖度 30%～70%（表 3-5-2）。各调查站点海藻株高、覆盖度见图 3-5-1 至图 3-5-12。

崇武镇大岞村及小岞镇后澳仔均三面临海，底质以基岩岸、砾石滩、沙滩为主，海藻资源量较大，多以暖温带藻种为主。六鳌镇近年来受近海养殖污染影响，海藻资源量逐年锐减，仅后江岛礁处存有少量鼠尾藻、半叶马尾藻，且株高较小。东山县陈城镇南部、大马头、小马头及鸡心屿等处海藻生物量较大，海藻生长处海胆散布较多。平潭县红山屿近海，水深较浅，藻场较为繁盛，退潮时大量浮现亨氏马尾藻、铜藻。霞浦县近海港湾众多，水质较好，海带、紫菜资源量尤为丰富。

表 3 - 5 - 2   福建省重点潮下带海藻场分布特征

藻场区域	支撑藻种	生物量 （g/m²）	株高 （cm）	覆盖度 （%）	离岸范围 （m）	宽幅 （m）	水深范围 （m）
东山县	半叶马尾藻 瓦氏马尾藻	4 090.22	12.8～78.5	30～70	5～15	5～10	≤8.60
六鳌镇	鼠尾藻 草叶马尾藻	4 816.39	20～82.5	30～40	20～50	10～30	≤9.40
平潭县	鼠尾藻 铜藻	4 755.99	49.5～161.5	30～60	10～50	10～30	≤11.00
霞浦县	鼠尾藻 羊栖菜 瓦氏马尾藻	2 361.22	12.5～62.3	30～50	20～50	10～30	≤12.05

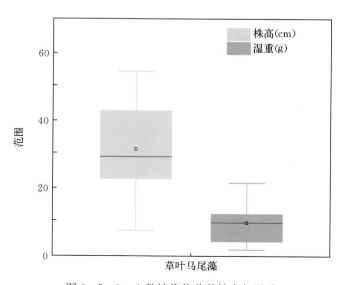

图 3 - 5 - 1   六鳌镇优势藻种株高与湿重

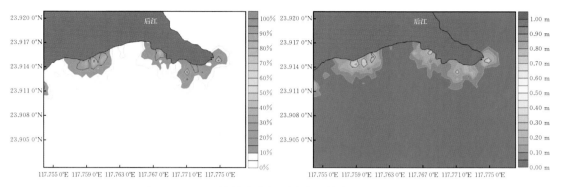

图 3-5-2 六鳌镇海藻场覆盖度、株高（2019.6.14）

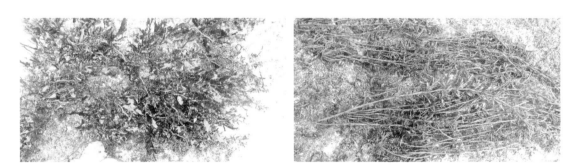

图 3-5-3 六鳌镇草叶马尾藻、羊栖菜

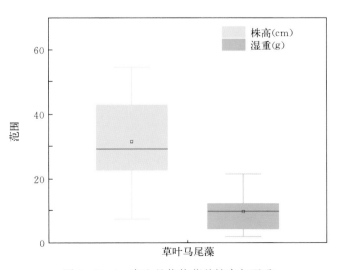

图 3-5-4 东山县优势藻种株高与湿重

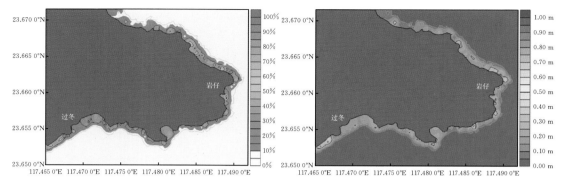

图 3-5-5　东山县海藻场覆盖度、株高（2019.6.15）

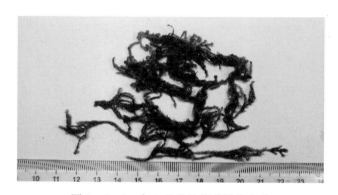

图 3-5-6　东山县总状蕨藻管状变种

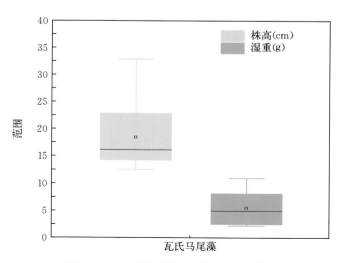

图 3-5-7　霞浦县优势藻种株高与湿重

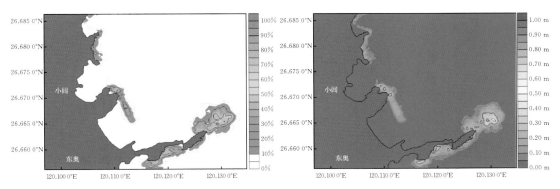

图 3-5-8　霞浦县海藻场覆盖度、株高（2019.6.19）

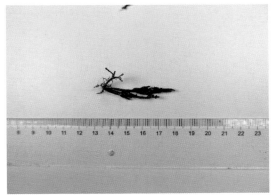

图 3-5-9　霞浦县鹅肠菜、铁钉菜

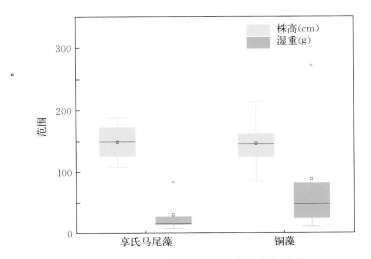

图 3-5-10　平潭县优势藻种株高与湿重

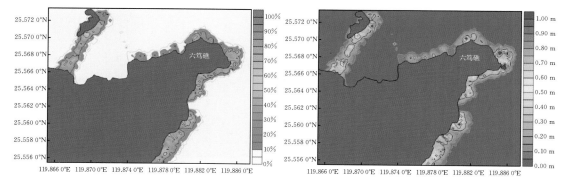

图 3-5-11　平潭县海藻场覆盖度、株高（2019.6.25）

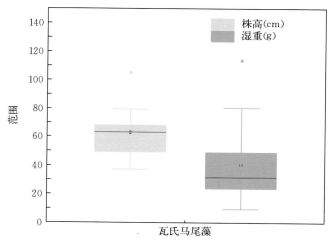

图 3-5-12　惠安县优势藻种株高与湿重

4. 利用现状

福建省重点藻场利用现状主要包括当地渔民采收食用、作为鲍饵料、用于海钓等。霞浦县是我国海带、紫菜养殖之乡。六鳌镇近年来逐渐形成海藻采售产业雏形，当地大量收购马尾藻属、石花菜、海萝等。其中，石花菜售价为 90～140 元/千克；海萝经漂洗、晾晒后制作成"海燕窝"，是上等保健品。

六、广东省

1. 环境特征

广东省地处我国大陆南部，太平洋西北部，属东亚季风区，自北向南分别为中亚热带、南亚热带和热带气候。全境位于 20°13′—25°31′N、109°39′—117°19′E，全省大陆岸线长 4 114 km，海岛岸线长 2 126 km，基岩岸线长 387.0 km。

水温：广东省近岸夏季水温较高，表层、中层和底层水温为 23.7～30.9 ℃、21.5～30.7 ℃ 和 21.5～30.6 ℃。冬季在东北季风及闽浙沿岸流的影响下，水温降至全年最低，表层、中层和底层水温为 16.1～19.1 ℃、16.1～18.5 ℃ 和 16.1～18.6 ℃。广东沿岸春夏季水温由近岸向外逐渐增高，秋冬水温分布比较均匀，全年呈东低西高的变化趋势，南北水温差异随季节变化明显。

盐度：广东省近岸盐度分布主要受大陆径流和外海高盐水团制约，二者的消长变化决定了盐度的区域分布。夏季表层、中层、底层盐度为 23.43～34.00、27.61～35.39 和 28.02～35.95；冬季分别为 31.81～33.35、32.54～33.39 和 32.57～33.48。夏季，大陆径流强，沿岸海域表层盐度降至最低，河口区低盐水浮在表面呈舌状向外扩散，外海高盐水则潜在下方向岸逼近，水平梯度和垂直梯度较大，冬季大陆径流逐渐减弱，沿岸低盐水向岸边收缩，与此同时，外海高盐水团向岸边推进，呈强混合状态，表层盐度升至最高。

潮汐：广东沿岸海区潮汐性质有 3 种，即不规则半日潮、不规则全日潮及规则全日潮。不规则半日潮主要分布于汕头港以东水域及惠东以西至雷州半岛一带水域；不规则全日潮分布在海门湾、红海湾及雷州半岛西岸铁山港附近水域；规则全日潮主要分布在雷州半岛西岸，靖海湾局部水域也呈现规则全日潮性质。

底质：广东省大陆岸线较长，是我国大陆海岸线最长的省份。粤东地区（潮州、汕头、揭阳、汕尾）沙质海岸与岩礁海岸交错分布；珠江口地区（深圳、广州、江门、珠海等）河口湾及陆岸滩涂多为泥质、泥沙质；粤西地区（阳江、茂名、湛江）多以沙质、岩礁岸线为主。

波浪：广东近岸区主要存在 3 种波浪类型，即东北季风型、西南季风型和台风型。粤东地区平均波高 0.8～1.1 m，珠江口海区平均波高 1.1 m，粤西地区平均波高 0.2～1.2 m。冬季季风型的浪高以粤东地区最大，向珠江口和粤西近岸依次递减；夏季西南季风盛行，近岸浅水区波浪浪高多在 1.5 m 以下。沿海夏、秋季频受热带风暴袭击，往往带来狂风暴雨、巨浪和大海潮，形成风灾、洪灾和潮灾，给沿海地区生态、经济造成巨大损失。

2. 重点藻场

根据历史文献资料分析、专家咨询、群众走访获悉，广东省沿岸潮下带海藻场主要分布于南澳县、万山群岛、雷州半岛近岸。2018 年 5 月 27 日、2019 年 4 月 10 日及 2019 年 6 月 17 日共 3 次对广东省顶澎岛、万山岛、硇洲岛等地近岸藻场资源进行调查，共采集 34 个样方框海藻样本（表 3-6-1）。

表 3-6-1　广东省潮下带海藻场调查站点经纬度

编号	站点名称	调查时间	底质	纬度	经度
1	顶澎岛	2018.5.27	礁石、沙滩	23°17′05.10″	117°18′25.11″
2	硇洲岛	2019.4.10	礁石、沙滩	20°55′35.29″	110°38′15.52″
3	万山岛	2019.6.17	礁石、沙滩	21°57′03.40″	113°42′38.41″

3. 种类组成及分布

广东省近岸潮下带海藻场资源丰富，优势种有日本多管藻（*Polysiphonia japonica*）、半叶马尾藻（*Sargassum hemiphyllum*）、亨氏马尾藻（*Sargassum henslowianum*）、网地藻（*Dictyota dichotoma*）等。

广东省近岸海域多为沙滩、岩礁底质，地势平坦，海水透明度较高，海藻种类繁多、蕴藏量大，全省近岸潮下带海藻场面积 1.94～38.7 km²，生物量 7.68～29.24 kg/m²，共有藻类 100 多种。

潮下带海藻场主要分布水深为 ≤10.97 m，离岸距离为 5～100 m，宽幅为 5～40 m，覆盖度为 20%～50%（表 3-6-2）。各调查站点海藻株高、覆盖度见图 3-6-1 至图 3-6-6。

表 3-6-2　广东省重点潮下带海藻场分布特征

藻场区域	支撑藻种	生物量 （g/m²）	株高 （cm）	覆盖度 （%）	离岸范围 （m）	宽幅 （m）	水深范围 （m）
顶澎岛	亨氏马尾藻	29 239.92	17.50～369.50	30～50	15～100	10～40	≤5.83
硇洲岛	半叶马尾藻 亨氏马尾藻	7 683.17	10.80～65.80	20～40	5～10	5～10	≤10.97

广东省沿海大小岛屿众多，大陆岸线曲折，具有许多优良港湾。内陆大小河流纵横，主要有珠江和韩江等，每年从内陆携带大量的有机物质入海，有利于海藻生长与繁殖。南澳县常年受台湾暖流和闽浙沿岸流影响，平均水温约 21.2 ℃，平均盐度约 31.6，蕴含丰富的大型海藻资源。顶澎岛远离大陆，受人类活动影响较小，港湾处亨氏马尾藻资源量较

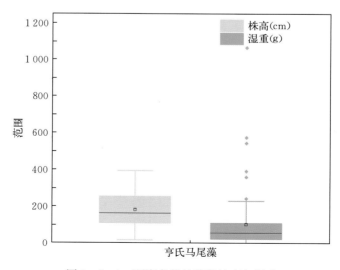

图 3-6-1　顶澎岛优势藻种株高与湿重

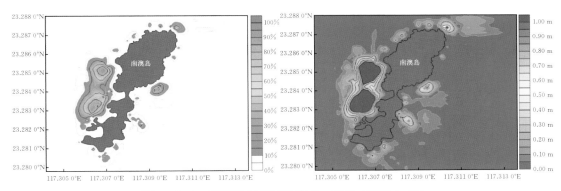

图 3-6-2　顶澎岛海藻场覆盖度、株高（2018.5.27）

图 3-6-3　顶澎岛亨氏马尾藻

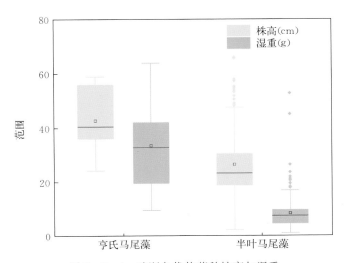

图 3-6-4　硇洲岛优势藻种株高与湿重

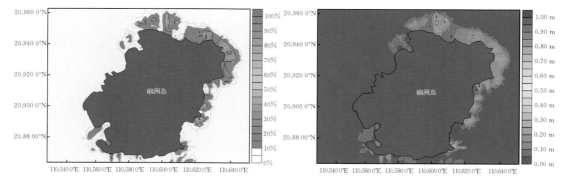

图 3-6-5　硇洲岛海藻场覆盖度、株高（2019.4.10）

图 3-6-6　硇洲岛瓦氏马尾藻、半叶马尾藻

大，单株高度可达 3.7 m，藻场犹如海底森林般茂盛。湛江硇洲岛近年来受东简镇造钢厂、造纸厂、炼油厂排污影响，藻类资源量逐年减少，其繁盛期较以往已出现延迟，约滞后 2 个月，且海藻株高也逐年降低。硇洲岛周边，仅存亮、潭井、大浪三处有海藻分布。

4. 利用现状

广东省重点藻场利用现状主要包括当地渔民采收售卖、作为鲍饵料、休闲旅游等。南澳县顶澎岛渔民将亨氏马尾藻收获、晾晒，出售给外来游客，以提高经济收入。硇洲岛近岸养殖户常在退潮期间大量采集半叶马尾藻，投放于鲍养殖池，以作为鲍的天然摄食饵料。

七、广西壮族自治区

1. 环境特征

广西位于我国华南南部，南临北部湾，属亚热带季风气候，海岸线曲折，类型多样，其中大陆岸线长 1 628.6 km，岛屿岸线长约 671 km。沿海有岛屿 651 个，总面积 66.9 km²，基岩岸线长 581.47 km。

　　水温： 广西 0～20 m 浅海面积达 6 488.31 km²。近海海水最低温度出现在 1 月，约 15.6 ℃；海水最高温度出现在 7 月，约 30.1 ℃；3—5 月为海水温度缓慢上升期；10—12 月为海水温度下降期。

　　盐度： 近海海水最低盐度出现在 6—9 月，尤以 8 月最低，约 24.8，海水最高盐度出现在 3 月，约 29.5。

　　潮汐： 除 21°20′N 以北、109°00′E 以东的海域为不规则半日潮外，其他海域均为不规则全日潮。

　　底质： 南流江口、钦江口为三角洲型海岸，铁山港、大风江口、茅岭江口、防城河口为溺谷型海岸，钦州、防城港两市沿海为山地型海岸，北海、合浦为台地型海岸。

　　波浪： 波浪随季节变化较为明显，以西南向为主，其次为东北向。年平均波高为 0.3～0.6 m，其中夏季 0.50～0.72 m，冬季 0.40～0.58 m，春季 0.35～0.51 m，秋季 0.45～0.50 m。常见浪为 0～3 级，占全年波浪频率的 96%，多年波浪平均周期为 1.8～3.4 s。

2. 重点藻场

　　根据历史文献资料分析、专家咨询、群众走访获悉，广西壮族自治区沿岸潮下带海藻场主要分布于北海市、防城港市近岸。2019 年 4 月 24—28 日对广西壮族自治区涠洲岛、白龙半岛等地近岸藻场资源进行调查，共采集 12 个样方框海藻样本（表 3-7-1）。

广西涠洲岛海藻场

表 3-7-1　广西壮族自治区潮下带海藻场调查站点经纬度

编号	站点名称	调查时间	底质	纬度	经度
1	涠洲岛北港	2019.4.24	礁石、沙滩	21°04′26.63″	109°07′17.66″
2	白龙半岛龙珍台	2019.4.27	泥沙	21°31′39.63″	108°12′38.78″
3	犀牛脚镇	2019.4.28	礁石、泥滩	21°36′56.55″	108°45′26.73″
4	江平镇	2019.4.28	泥滩	21°31′12.31″	108°08′40.64″

3. 种类组成及分布

　　广西壮族自治区近岸海域多为泥滩、岩礁底质，海藻种类多，资源丰富，全省近岸潮下带海藻场面积 5.81～116.29 km²，生物量 4.89～10.18 kg/m²，共有海藻约 62 种，其中红藻种类较多，褐藻次之，绿藻种类最少。

　　优势种有三亚马尾藻（*Sargassum sanyaense*）、展枝马尾藻（*Sargassum patens*）、半叶马尾藻（*Sargassum hemiphyllum*）、无肋马尾藻（*Sargassum fulvellun*）、钱币状蕨藻（*Caulerpa nummularia*）、匍扇藻（*Lobophora variegata*）、半叶马尾藻中国变种（*Sargassum hemiphyllum* var. *chinense*）、包式团扇藻（*Padina boryana*）、叶囊马尾藻

（*Sargassum phyllocystum*）、囊藻（*Colpomenia sinuosa*）等。

潮下带海藻场主要分布水深为 1.0～9.7 m，离岸距离为 10～200 m，宽幅为 10～40 m，覆盖度为 30%～60%（表 3-7-2）。各调查站点海藻株高、覆盖度见图 3-7-1 至图 3-7-6。

表 3-7-2 广西壮族自治区重点潮下带海藻场分布特征

藻场区域	支撑藻种	生物量（g/m²）	株高（cm）	覆盖度（%）	离岸范围（m）	宽幅（m）	水深范围（m）
北海市涠洲岛	三亚马尾藻 半叶马尾藻	10 184.79	16.9～114.2	30～50	10～50	10～40	≤9.65
防城港市白龙半岛	展枝马尾藻 无肋马尾藻	4 891.16	87.5～239.9	30～60	150～200	10～40	≤5.77

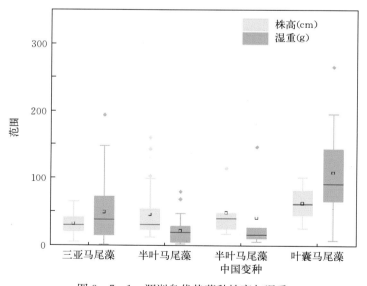

图 3-7-1 涠洲岛优势藻种株高与湿重

广西壮族自治区地处北部湾北部，据《中国环境状况公报》显示，近年来广西近岸水质主要污染物为无机氮，海洋环境下滑趋势明显。潮下带大型海藻资源量少于临近的广东省、海南省。东起北海市兴港镇，西至东兴口岸，沿岸多为泥滩、沙滩底质，港湾众多，仅白龙半岛、冠头岭及涠洲岛分布有岩礁岸线。涠洲岛南端湾仔角、北部北港两处，三亚马尾藻、叶囊马尾藻生物量较大；白龙半岛的东头岭及龙襄台等处，近岸坡度较小，水深较浅，展枝马尾藻、无肋马尾藻生物量较大，且株高达 87.5～239.9 cm，退潮时海藻可见。

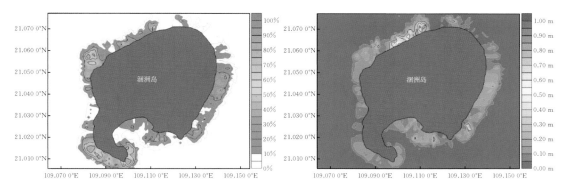

图 3-7-2　涠洲岛海藻场覆盖度、株高（2019.4.24）

图 3-7-3　涠洲岛三亚马尾藻、叶囊马尾藻

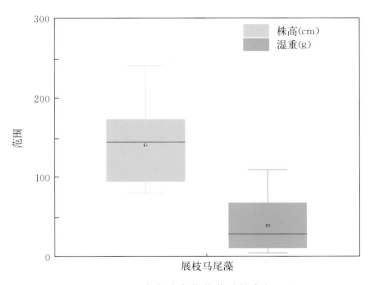

图 3-7-4　白龙半岛优势藻种株高与湿重

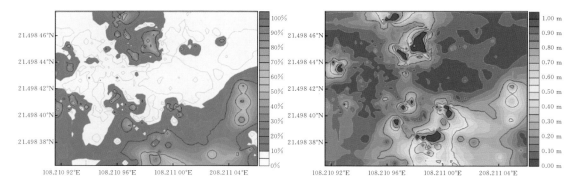

图 3-7-5　白龙半岛海藻场覆盖度、株高（2019.4.27）

图 3-7-6　白龙半岛无肋马尾藻、展枝马尾藻

4. 利用现状

广西壮族自治区潮下带海藻场利用现状主要包括当地渔民采收，用于鲍饵料、海钓、休闲旅游等。涠洲岛沿岸海滩上大量漂浮三亚马尾藻，渔民捡拾晾晒，用作作物肥料。岛上往来游客较多，旅游业发达，游客多在海藻场周边进行海钓、潜水等活动。防城港市白龙半岛渔民常采收漂浮无肋马尾藻，投放于鲍养殖池，用以作天然饵料。总体上，由于广西壮族自治区海藻资源量较小，海藻利用率低于其他临海省份，渔民对海藻利用意识不强。

八、海南省

1. 环境特征

海南省是中华人民共和国最南端的省级行政区，处印度—西太平洋北热带边缘。该地为海洋性热带季风气候，冬季干燥，夏季多雨。

海南省海域总面积 2×10^6 km²，占全国海域面积的 2/3，是我国最大的海洋省份，海岸线长度约 1 882.8 km，其中海岛岸线长度约 1 617.8 km，基岩岸线长 190.1 km。海南岛四周浅海、滩涂面积约 486.60 km²，滩涂和水深 20 m 以内浅海总面积约 5 568 km²，全省海岸带面积约 7×10^5 hm²。

水温：海南岛地处低纬度区，沿岸海水温度较高，夏季东岸、南岸受季节性上升流影响。冬季、夏季水温变化不大，2 月沿岸水温平均为 25.6 ℃，8 月达到 27.8～30 ℃，年温差 2～4.4 ℃，各月平均水温 25～30 ℃。

盐度：海南岛近岸海水盐度较低，表层海水盐度呈现出由沿岸向外海递增且时空分布差异较大的特点，沿海平均盐度 32.64。每年 3—5 月盐度为 31.56～34.48；9—10 月盐度偏低，为 18.55～32.11。

潮汐：海南岛近岸潮汐类型多样，包括全日潮型和半日潮型，以全日潮型为主，全日潮 15～18 d，半日潮平均为 11 d，东北部为不规则半日潮，西岸与北岸属规则全日潮。平均潮差 1～2 m，最大潮差 2～4 m，与潮汐类型分布相对应，不规则半日潮、不规则全日潮海域平均潮差及最大潮差较小，分别约为 1 m、2 m，而规则全日潮海域平均潮差及最大潮差相对较大，分别约为 2 m、4 m。

底质：海南岛四面环海，岸线蜿蜒曲折，港湾众多，海岸带底质多以泥、沙为主。基岩海岸分布于山地、丘陵近海处，如海南岛北部澄迈、临高以及儋州等地，南部乐东、陵水以及三亚等地，东部与西部也间断性分布着基岩海岸。三亚大东海、鹿回头以及东、西瑁洲岛等处，珊瑚礁沿基岩岬角两侧或岛屿波影区分布，形成珊瑚礁海岸。北部铺前东寨港红树林自然保护区、西部洋浦新英湾、东部清澜港等处，红树林沿潟湖或基岩港湾内部分布，形成红树林沼泽岸。

波浪：南海风浪受季风的影响，存在显著的季节变化特征。冬季，南海几乎以东北向浪为主，夏季多为西南向浪，春季和秋季为转换季节，且冬季波高较大，夏季较小。春季平均波高小于 0.8 m，夏季平均波高 1.2～1.6 m，秋季波高 0.6～1.0 m，冬季平均波高 1.6～1.2 m。受风区和水深的限制，海南岛周边海域海浪存在西低东高，北低南高的特征。

2. 重点藻场

根据历史文献资料分析、专家咨询、群众走访获悉，海南省沿岸潮下带海藻场主要分布于文昌市、三亚市、儋州市近岸。2018 年 4 月和 2019 年 4 月两次对海南省清澜湾、陵水县新村港、大东海等地近岸藻场资源进行调查，共采集 78 个样方框海藻样本（表 3 - 8 - 1）。

海南棋子湾海藻场

海南三亚海藻场

海南文昌海藻场

表 3 - 8 - 1   海南省潮下带海藻场调查站点经纬度

编号	站点名称	调查时间	底质	纬度	经度
1	清澜湾	2018.4.27 2019.4.15	礁石、沙滩	19°31′16.65″	110°51′39.06″
2	新村港	2019.4.16	泥沙	18°24′09.86″	109°59′23.41″
3	大东海	2019.4.16	礁石、沙滩	18°12′47.56″	109°30′36.56″
4	岭头湾	2019.4.17	礁石	18°41′10.85″	108°41′36.55″
5	棋子湾	2019.4.18	礁石	19°22′30.76″	108°41′11.57″
6	文青沟	2019.4.18	沙滩、礁石	19°35′53.13″	109°02′35.25″
7	博纵村	2018.4.28 2019.4.20	沙滩、礁石	19°59′11.92″	109°35′26.45″
8	邻昌礁	2018.4.29 2019.4.21	礁石	19°54′42.82″	109°27′41.29″
9	临高角	2018.4.30	沙滩、礁石	20°01′03.50″	109°42′15.86″
10	新盈港	2019.4.21	礁石	19°54′26.67″	109°31′04.26″

3. 种类组成及分布

海南省近岸潮下带海藻场资源丰富，优势种有南方团扇藻（*Padina australis*）、脆弱网地藻（*Dictyota friabilis*）、楔形叶囊藻（*Hormophysa cuneiformis*）、棒叶蕨藻（*Caulerpa sertularioides*）、齿形蕨藻（*Caulerpa serrulata*）、总状蕨藻（*Caulerpa racemosa*）、叉珊藻（*Jania decussato - dichotoma*）、沙菜（*Hypnea valentiae*）、厚网藻（*Pachydictyon coriaceum*）、裂片石莼（*Ulva fasciata*）、圆果胞藻（*Tricleocarpa cylindrica*）、指枝藻（*Valoniopsis pachynema*）、半叶马尾藻（*Sargassum hemiphyllum*）、鹿角沙菜（*Hypnea cervicornis*）、匍枝马尾藻（*Sargassum polycystum*）、凹顶马尾藻（*Sargassum emarginatum*）、斯氏马尾藻（*Sargassum swartzii*）、亨氏马尾藻（*Sargassum henslowianum*）等。

海南省近岸海域多为沙滩、岩礁底质，地势平坦，海水透明度较高，天然海藻多生长于礁盘表面。全省近岸潮下带海藻场面积 0.95～66.54 km²，生物量 0.71～14.56 kg/m²，共有藻类 700 多种，其中经济价值较高的有 162 种。

潮下带海藻场主要分布水深为≤6.1 m，离岸距离为 5～350 m，宽幅为 5～300 m，覆盖度为 20%～90%（表 3 - 8 - 2）。各调查站点海藻株高、覆盖度见图 3 - 8 - 1 至图 3 - 8 - 15。

海南省东岸、南岸海藻资源量大于南岸、西岸，尤以马尾藻属资源最为丰富。文昌市清澜湾北侧近岸，海藻呈斑块状分布于破波带内侧；陵水县新村港多为泥沙底质，且受波浪影响较小，港内海菖蒲（*Enhalus acodoides*，蕨类植物）繁盛，裂片石莼多附着于海草叶片生长。三亚大东海及小东海海水透明度高，底质为沙质或岩石，生长海藻约 30 种，海藻生物量较多，鹿回头及三亚港附近受人类活动影响较大，海藻分布较少。小东海的海藻比其他海区生长好，海藻生物量大，藻体高，数量多，其中以马尾藻属最为突出，越靠近外海其越茂盛。鹿回头近岸海域藻场受人为采捕杂色蛤、团聚牡蛎等经济贝类影响，藻类生长环境受到破坏，大型海藻生物量偏低。

表 3－8－2　海南省重点潮下带海藻场分布特征

藻场区域	支撑藻种	生物量（g/m²）	株高（cm）	覆盖度（%）	离岸范围（m）	宽幅（m）	水深范围（m）
文青沟	匍枝马尾藻	3 188.46	11.2～117.90	30～60	30～200	10～40	≤6.1
新盈镇	亨氏马尾藻	711.92	6.0～240.0	30～50	10～70	10～50	≤3.0
新村港	裂片石莼	1 392.09	—	70～90	50～350	40～300	≤1.9
清澜湾	匍枝马尾藻	7 700.43	12.6～173.0	50～90	20～200	10～40	≤2.1
大东海	凹顶马尾藻	14 556.81	41.2～156.1	20～30	5～50	5～20	≤3.0
棋子湾	斯氏马尾藻 匍枝马尾藻	3 170.45	10.30～87.30	30～60	10～50	15～40	≤4.0

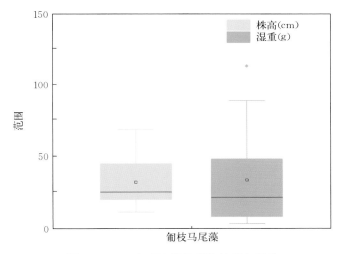

图 3－8－1　文青沟优势藻种株高与湿重

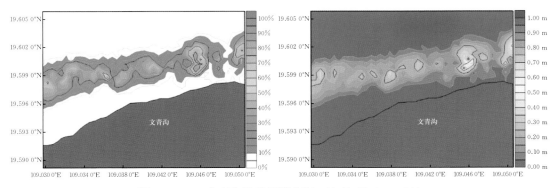

图 3－8－2　文青沟海藻场覆盖度、株高（2019.4.18）

图 3-8-3 文青沟匍枝马尾藻

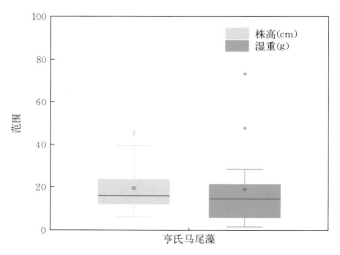

图 3-8-4 临高角优势藻种株高与湿重

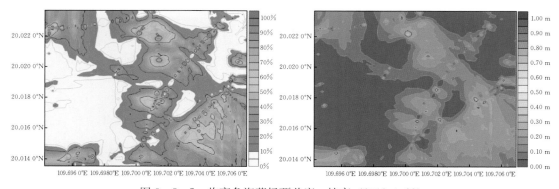

图 3-8-5 临高角海藻场覆盖度、株高（2018.4.28）

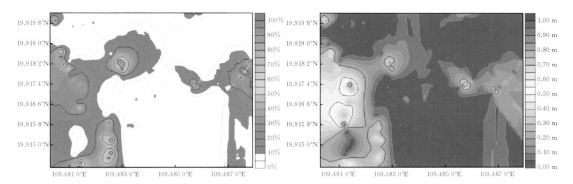

图 3-8-6 邻昌礁海藻场覆盖度、株高（2018.4.29）

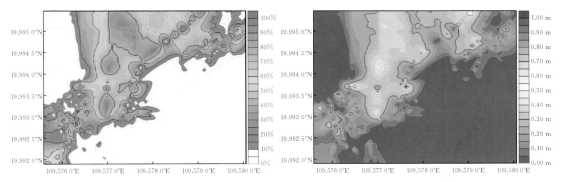

图 3-8-7 博纵村海藻场覆盖度、株高（2018.4.30）

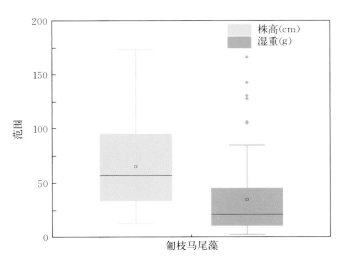

图 3-8-8 清澜湾优势藻种株高与湿重

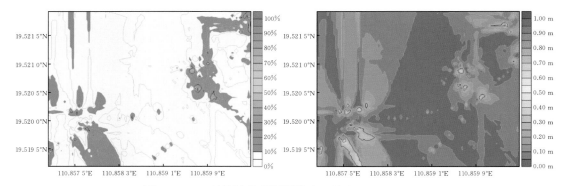

图 3-8-9　清澜湾海藻场覆盖度、株高（2019.4.15）

图 3-8-10　清澜湾匍枝马尾藻、南方团扇藻

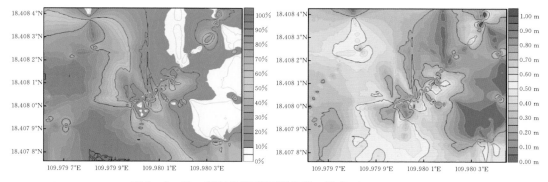

图 3-8-11　新村港海藻场覆盖度、株高（2019.4.16）

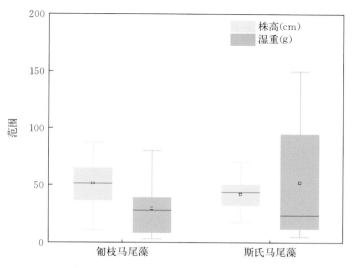

图 3-8-12　棋子湾优势藻种株高与湿重

图 3-8-13　棋子湾匍枝马尾藻、斯氏马尾藻

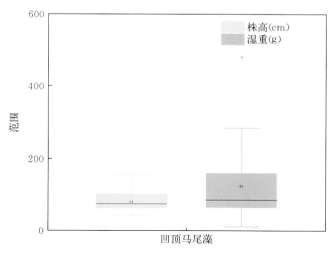

图 3-8-14　大东海优势藻种株高与湿重

图 3 - 8 - 15　大东海凹顶马尾藻

4. 利用现状

海南省重点藻场利用现状主要包括海藻采摘出售、海钓、休闲旅游和滨海公园建设等。昌江县棋子湾处受人类活动影响较小，此处沙滩、岩礁、珊瑚礁交错分布，海藻资源丰富，政府部门依托其独特的自然资源，正建设滨海景区。儋州市文青沟渔民常大量采集匍枝马尾藻，于海滩晾晒，以约3元/kg的价格出售给外来收购商，用以制作中药。每年4月凭借海藻采售，文青沟、叶榕村等近岸渔民人均可增收2万～3万元。三亚市大东海属4A级景区，此处藻场资源保护效果较好，游客常三五成群，在海藻场周边进行潜水活动。

第四章　中国沿海海藻场类型划分

　　20世纪50年代末至60年代初，国家科学技术委员会海洋组牵头开展了中国近海海域综合调查，其中潮间带大型海藻的调查自北而南遍布鸭绿江口、辽河以及北部湾白兰河口和西沙、中沙、南沙群岛，采集海藻标本近63 300个，确定了我国潮间带大型海藻的生物区系、种类组成及地理分布。70年代之后，各地科研机构陆续对潮间带海藻生物种群及群落生态学等进行调查与研究。在曾呈奎院士等人30多年的努力下，确认了我国沿海潮间带海藻种类835种，分别隶属于红藻门36科140属463种、褐藻门25科54属165种、绿藻门15科45属207种，约占世界总种数的1/8。

　　植物区系是植物群落结构的基础，是在特定地理位置、特定环境及特定历史条件综合作用下长期演绎的结果，它不仅能够直接、稳定地反映出本地区的环境特征，同时也是揭示本地区群落内部物种与物种、物种与环境间生态关系的重要特征指标，不同的区系间往往有着鲜明的地理性生态差异。同样，海藻场作为近岸海洋环境长期演绎的表征之一，其内部藻种之间、藻体与环境之间及藻体与生物多样性之间的生态规律也因海藻场所处区域的不同而差异显著，并往往带有着明显的生态地理性规律。因此，突破传统的"藻种属性"，从"场"的角度探索不同大型海藻群落类型间藻种组成、分布特点及生态价值，无疑具有重要的生态科学价值，进而促进对藻场资源的认知、保护及合理开发。

一、大型海藻资源分布

　　我国近岸海藻场优势藻种为马尾藻属、裙带菜属及海带属，包括海黍子、海蒿子、铜藻、海带、裙带菜、瓦氏马尾藻、亨氏马尾藻及匍枝马尾藻等。辽宁省、山东省近岸水体透明度较高，海黍子、海蒿子、裙带菜等藻体长度较大；江苏省近岸主要为淤泥底质，海藻资源量较少；浙江省、福建省近岸基岩坡度较大，受长江冲淡水影响，水体透明度较差，藻体株高较小；广东省、广西壮族自治区及海南省近岸地形坡度较小，藻场分布面积较大，海藻资源丰富。我国近岸海藻场平均生物量为 7.29 kg/m²，平均覆盖度为 41.25%，广东省近岸藻场资源量最大，约 18 461.55 g/m²，辽宁省次之，约 13 701.08 g/m²。海藻场内藻体平均覆盖度为 10%~70%，离岸范围广泛分布在 5~300 m，江苏省近岸海藻场宽幅最小，为 5~10 m，海藻场生长水深由北向南逐渐递减，海南省近岸海藻场水深在 6.10 m 以下（表 4-1-1）。

表 4-1-1　我国近岸海藻场分布特征

省份	优势种	平均生物量 (g/m²)	株高 (cm)	覆盖度 (%)	离岸范围 (m)	宽幅 (m)	生长水深 (m)
辽宁省	马尾藻属（海黍子、海蒿子）、裙带菜属、海带属	13 701.08	9.8～518.8	10～70	15～100	10～80	≤14.98
山东省	马尾藻属（海黍子）、海带属、裙带菜属	5 755.43	9.4～414.2	20～60	5～300	10～200	≤14.97
江苏省	马尾藻属（软叶马尾藻）	1 308.02	33.5～87.8	10～40	5～15	5～10	≤14.95
浙江省	马尾藻属（瓦氏马尾藻、铜藻）	3 845.24	12.1～207.0	30～50	5～40	10～30	≤14.99
福建省	马尾藻属（瓦氏马尾藻、草叶马尾藻、铜藻）	4 005.955	12.5～161.5	30～70	5～50	5～30	≤12.05
广东省	马尾藻属（亨氏马尾藻、半叶马尾藻）	18 461.55	10.8～369.5	20～50	5～100	5～40	≤10.97
广西壮族自治区	马尾藻属（三亚马尾藻、半叶马尾藻、叶囊马尾藻）	7 537.98	16.9～239.9	30～60	10～200	10～40	≤9.65
海南省	马尾藻属（匍枝马尾藻、凹顶马尾藻、斯氏马尾藻）	3 732.15	6.0～240.0	30～60	10～200	5～40	≤6.10

　　图 4-1-1 给出了我国近岸海藻场优势藻种（图 4-1-1a）及马尾藻属（图 4-1-1b）的平均株高、单株湿重分布情况。由图可知，由辽宁省至海南省，海藻场优势藻种的平均株高、单株湿重随纬度降低整体呈递减趋势。辽宁省平均株高最大，为 (111.54±16.29)cm，海南省平均株高最小，为 (50.46±4.62)cm；最高藻体为辽宁省旅顺口区黄金山近岸的海

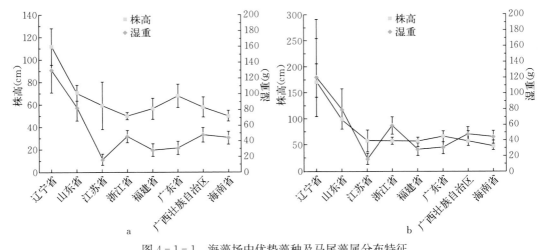

图 4-1-1　海藻场中优势藻种及马尾藻属分布特征

a. 优势藻种分布特征　b. 马尾藻属分布特征

黍子，长度为518.5 cm。辽宁省平均单株湿重最大，为（130.14±29.26）g；江苏省平均单株湿重最小，为（16.74±6.84）g。其中，浙江省近岸藻场中株高低于临近两省，而平均单株湿重却大于江苏省及福建省。图4-1-1b给出了我国近岸海藻场中广泛分布的马尾藻属平均株高、单株湿重分布情况。由图可知，由北向南，马尾藻属平均株高、单株湿重也随纬度降低呈递减趋势。辽宁省近岸海藻场马尾藻属平均株高、单株湿重均最大，分别为（173.22±31.39）cm、（120.01±49.18）g；海南省马尾藻属平均株高最矮，为（50.46±4.62）cm；江苏省平均单株湿重最小，为（16.74±6.84）g。

海藻场优势藻种中，裙带菜、海带主要分布在我国黄海及东海北部近岸；海黍子属温带藻种，大连至青岛均有分布；铜藻属暖温带藻种，大耗子岛至平潭近岸均有分布（图4-1-2）。

由北向南，裙带菜、海带、海黍子及铜藻平均株高、单株湿重随纬度降低整体呈递减趋势。

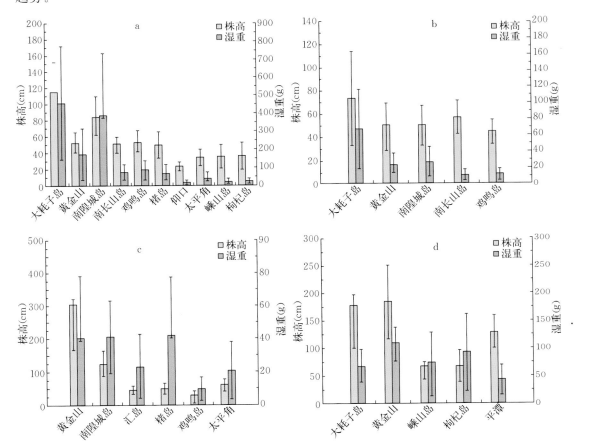

图4-1-2　四种优势藻种分布特征
a. 裙带菜　b. 海带　c. 海黍子　d. 铜藻

目前，关于海藻区系的划分总体上还过于笼统，如Setchell曾依据对昆布属（*Ecklonia*）的空间分布研究，总结出昆布属的地理分布范围与夏季海水表层等温线密切相关，而冬季低水温对其分布的影响较小。此外，海藻区系研究者大多停留在藻种生态描述层面，很少涉及藻场类型地理划分，有的类型划分过于细碎，时空尺度上仅局限于某个岛屿，不够全面，有的甚至以行政区作为区系划分界限，失去了海藻与自然地理的关联性。曾呈奎、张峻甫等藻类专家先后对我国近岸及北太平洋西岸海藻区系划分提出了一系列初步建议，对海藻温度性质及藻种起源进行了简要探讨，继而将世界海藻划分为 5 个区系，并下分为 9 个植物区。但其对海藻区系划分的核心依据仅注重于海藻单体生态要素中的温度属性，并未从整体上考虑海藻场的群落特征及宏观规模，而在海藻场组成中，不同藻种生态功能各异，某些匍匐性藻类的生物量及生态效应远不及大型优势藻类。

海藻生长是海藻对该地海洋环境的长期适应。海藻场不但有本地藻种，也有因人类活动、海流及其他因素作用引入的外来种。由于岸线改造及地质变化等因素影响，某些藻种分布呈现出不连续或群落斑块化分布，长期的地理隔离又演化出新藻种，从而导致藻场组成发生变化。因此，为了解我国藻场优势藻种组成、群落特征及其与临近海域藻场差异性，有必要对我国近岸海藻场进行类型划分。在总结前人研究的基础上，从海藻场结构特征、温度属性、地理分布及其与邻近海区藻场差异性进行分析，提出我国近岸潮下带海藻场类型划分的建议。

二、海洋温度带划分

根据曾呈奎（1963）等对海洋温度带区系划分观点，依据海洋年平均表层水温特点，将海洋划分为冷水带、温水带和暖水带，在此基础上，可细分为寒带、亚寒带、冷温带、暖温带、亚热带及热带（表 4-2-1）。

表 4-2-1　海洋温度带类型及其水温特点

（曾呈奎，1963）

类型		年平均表层水温（℃）	月平均表层水温（℃）			
			最低		最高	
冷水带	寒带	<4	<0	<0	0~10	0~4
	亚寒带	0~4		<0		4~10
温水带	冷温带	4~20	4~12	0~15	0~5	10~25	10~20
	暖温带		12~20		5~15		20~25
暖水带	亚热带	>20	20~25	>15	15~20	>25	>25
	热带		>25		>20		>25

我国黄渤海近岸，冬季海水表层温度为 0~6 ℃，夏季海水表层温度为 26~27 ℃，根据水温特点，黄渤海近岸属温带性；东海近岸，冬季海水表层温度为 7~14 ℃，夏季海水表层温度为 27~28 ℃，根据水温特点，东海近岸属温带性，并伴有一定的亚热带成分；南海北部至北部湾北部，冬季海水表层温度为 15~19 ℃，夏季海水表层温度为 28~29 ℃，根据水温特点，该处属亚热带性；台湾岛、海南岛及南沙群岛所属的南海南部，冬季海水表层温度为 20~29 ℃，夏季海水表层温度为 29~30 ℃，根据水温特点，该处属热带性。

三、海藻温度属性

海藻在特定海区的生长及分布，主要受海水温度、光照、表面海流等多种因素综合影响，是该海域历史和地理的长期产物，其特征主要表现在海区藻种组成及自然分布，故海藻场温度属性是该处所有藻种的温度耦合。反之，海藻（特别是优势种）的温度属性亦是本海区的温度反映。随着海藻生长的时间变化，海藻场藻种组成可发生数量、种类上的变化，同种海藻的耐高温、耐低温属性也可经长期演绎，形成地理性变种甚至新种。因此，特定海藻场出现了温度属性不同的藻种，如冷温带海区出现亚寒带种，甚至寒带种。曾呈奎、张峻甫曾应用地理学、藻类实验生物学及标本分析法，根据海藻生殖、生长最适水温，将海藻划分为：①冷水性种（生长生殖适温<4 ℃），发源于极地海洋及其邻近寒冷海域，在寒流作用下进入中纬度地区；②温水性种（4 ℃≤生长生殖适温≤20 ℃），发源于中纬度的温带海域，向南北两个方向辐散分布生长；③暖水性种（生长生殖适温>20 ℃），发源于赤道附近的热带海域，在暖流的作用下侵入中纬度地区，并在此基础上细分为寒带种、亚寒带种、冷温带种、暖温带种、亚热带种及热带种。

我国黄渤海近岸海藻具有明显的温水性，以暖温带种为主，伴有冷温带种，冷水性种较少（6%）；东海近岸海藻仍以暖温带种为主，并占绝对优势，冷温带种较少，南部略带有亚热带成分，无冷水性种。南海近岸海藻多属暖水性，其中南海北部海域以亚热带种为主，南部海域（海南岛东南部、台湾东南部及东沙、西沙、南沙群岛）多以热带种为主。

四、海藻场代表性藻种选择

海藻场是由一定数量、一定规模的大型海藻聚集而成的，具有一定的群落特征，生态习性相对稳定。表面上，海藻场类型的划分应建立在该海域海藻场中全部藻种的生态研究基础上，否则容易产生以偏概全的错误观点。但实际上，若把所有藻种的生态重要性放在同一标准下进行综合判定，由于不同藻种分布规模、生态效应不同，亦会产生错误结论。如小型底栖藻类［如珊瑚藻（*Corallina officinalis*）、贴生美叶藻（*Callophyllis adnata*）等］的群落规模远小于大型海藻［如铜藻（*Sargassum horneri*）、海带（*Laminaria japonica*）等］。海藻场藻种组成中，有些优势藻种生物量较大，分布面积较广，具有一定的区域代表性，而有些藻类分布数量较少，为次要组成部分，甚至是多年偶现的罕见种，并未在此定居繁衍，因而不能作为该海域藻场类型划分的代表性藻种。因此，海藻场类型划分过程中，某种海藻是否具有代表性，主要取决于该藻种在本地的株高、生物量、密度及分布规模等。

我国近岸海藻场优势种组成中，马尾藻属、海带属及裙带菜属株高、生物量、规模较大。其中，海带属及裙带菜属主要分布在辽宁省、山东省近岸。马尾藻属分布范围较广，我国沿海各省多有分布，其藻种数在我国四大海区近岸呈现出南多北少的特点，南海近岸种类最多（124 种），占马尾藻属的 36.47%，东海近岸次之（13 种），黄渤海近岸最少（10 种）。其中，潮下带马尾藻已记录 78 种。

表 4 - 4 - 1　我国近岸海藻场优势藻种藻体特征

种名	温度性质	平均株高（cm）	平均湿重（g）	回归方程
铜藻	WT	91.05	98.62	$Y=0.717\,2x^{1.034\,9}$　$(R^2=0.814\,7)$
瓦氏马尾藻	ST	44.58	23.11	$Y=0.719\,6x^{0.896\,4}$　$(R^2=0.660\,5)$
海黍子	WT	131.98	63.14	$Y=0.331\,3x^{1.043\,5}$　$(R^2=0.866\,8)$
海蒿子	WT	95.00	185.17	$Y=0.035\,0x^{1.848\,1}$　$(R^2=0.755\,0)$
裙带菜	WT	46.83	93.68	$Y=0.117\,3x^{1.699\,5}$　$(R^2=0.901\,7)$
海带	CT	61.16	42.80	$Y=0.047\,1x^{1.627\,2}$　$(R^2=0.913\,1)$
软叶马尾藻	—	59.30	167.34	$Y=0.610\,5x^{1.349\,1}$　$(R^2=0.750\,8)$
草叶马尾藻	—	29.82	8.27	$Y=0.203\,8x^{1.065\,7}$　$(R^2=0.885\,3)$
亨氏马尾藻	—	125.81	70.79	$Y=0.393\,6x^{1.009\,7}$　$(R^2=0.706\,8)$
半叶马尾藻	WT	28.48	10.44	$Y=0.590\,7x^{0.817\,9}$　$(R^2=0.912\,8)$
三亚马尾藻	—	34.85	51.84	$Y=0.080\,8x^{1.773\,3}$　$(R^2=0.973\,7)$
叶囊马尾藻	—	63.04	108.19	$Y=0.012\,2x^{2.149\,8}$　$(R^2=0.881)$
匍枝马尾藻	—	54.29	33.35	$Y=0.243\,4x^{1.206\,7}$　$(R^2=0.930\,5)$
凹顶马尾藻	—	80.58	122.95	$Y=0.321\,9x^{1.361\,5}$　$(R^2=0.801\,5)$
斯氏马尾藻	Tr	41.66	51.72	$Y=0.010\,1x^{2.223\,7}$　$(R^2=0.938\,4)$

注：1. CT（Cold temperate）—冷温带性；WT（Warm temperate）—暖温带种；ST（Subtropical）—亚热带种；Tr（Tropical）—热带种。

2. Y—藻体湿重；x—藻体株高。

3. 本表仅记录天然藻场底栖藻种，漂浮藻及人工栽培海带、紫菜等未计入。

五、海藻场类型划分

海藻场类型能反映不同地区间发生的亲缘性、相似性，传统的以海藻属分类特征划分的海藻区系主要反映的是藻种分化与发生的相对稳定性，而优势种的特征分析更能体现一个地区的独特性。

我国近岸，辽宁省至江苏省近岸多属温水带，以温水性种（如海黍子、海蒿子等）为主，平均生物量约为 6 921.51 g/m²。江苏省近岸多为淤泥底质，仅北部连云港近岸的前三岛有少量软叶马尾藻分布；浙江省至广西壮族自治区近岸多属暖水带，以亚热带种（如瓦氏马尾藻）为主，平均生物量约为 8 462.68 g/m²。海南省近岸水温暖水性进一步增强，热带种（如斯氏马尾藻）资源量最为繁盛，平均生物量约为 3 732.15 g/m²。

由于江苏省近岸以淤泥底质为主，仅在北部连云港车牛岛近岸分布有软叶马尾藻，且藻体株高相对较小（30～80 cm），此外，江苏省近岸常年受长江冲淡水影响，对北部海藻向南部迁徙起到了一定的限制作用，故将其与辽宁省、山东省划分为同一类型。广西壮族自治区近岸海湾、河口众多，表层水温属亚热带性，藻种属性由亚热带向热带过渡，以亚热带种居多，且与海南省近岸马尾藻属多样性差异较大，故将其与广东省至浙江省划分为同一类型。

综上所述，根据现场调查、历史文献对我国近岸海水温度、藻种组成及优势种特征分析，在曾呈奎、张峻甫及张水浸等人的海藻区系研究基础上，以海藻场中优势藻种温度属性、群落特征及分布规模为基础，将我国近岸海藻场划分为温带温水型海藻场、亚热带暖水型海藻场及热带暖水型海藻场三种类型（图4-5-1）。

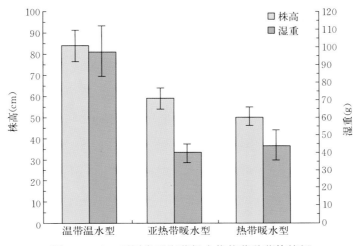

图4-5-1　不同类型海藻场中优势藻种藻体特征

（1）温带温水型海藻场　主要分布在渤海、黄海近岸海域，冬季表层水温为0～6℃，夏季表层水温为26～27℃，海藻场优势藻种主要有：海蒿子（*Sargassum pallidum*）、海带（*Laminaria japonica*）、裙带菜（*Undaria pinnatifida*）、软叶马尾藻（*Sargassum tenerrimum*）、厚叶马尾藻（*Sargassum crassifolium*）、铜藻（*Sargassum horneri*）、海黍子（*Sargassum muticum*）等。近岸藻场所属行政省份有：辽宁省、河北省、天津市、山东省、江苏省、上海市。典型海藻场主要有：辽宁省獐子岛近岸铜藻、海带海藻场；辽宁省旅顺口区黄金山近岸海蒿子、海黍子海藻场；山东省南隍城岛近岸海带、海黍子海藻场；山东省鸡鸣岛近岸海带、裙带菜海藻场等。

（2）亚热带暖水型海藻场　主要分布在东海及南海北部近岸，冬季表层水温为7～19℃，夏季表层水温为27～29℃，海藻场优势藻种主要有：铜藻（*Sargassum horneri*）、瓦氏马尾藻（*Sargassum vachellianum*）、半叶马尾藻（*Sargassum hemiphyllum*）、草叶马尾藻（*Sargassum graminifolium*）、亨氏马尾藻（*Sargassum henslowianum*）、展枝马尾藻（*Sargassum patens*）、无肋马尾藻（*Sargassum fulvellun*）、三亚马尾藻（*Sargassum sanyaense*）等。近岸藻场所属行政省份有：浙江省、福建省、广东省、广西壮族自治区。典型海藻场主要有：浙江省马鞍列岛近岸瓦氏马尾藻、铜藻海藻场；福建省东山县鸡心屿近岸半叶马尾藻海藻场；广东省南澳县顶澎岛近岸亨氏马尾藻海藻场；广西壮族自治区涠洲岛近岸半叶马尾藻、三亚马尾藻海藻场等。

（3）热带暖水型海藻场　主要分布在南海南部近岸，冬季表层水温为20～29℃，夏季表层水温为 29 ℃ 以上，海藻场优势藻种主要有：匍枝马尾藻（*Sargassum polycystum*）、凹顶马尾藻（*Sargassum emarginatum*）、斯氏马尾藻（*Sargassum swartzii*）、亨氏马尾藻（*Sargassum henslowianum*）等。近岸藻场所属行政省份为海南省。典型海藻场主要有：文昌市清澜湾近岸匍枝马尾藻海藻场；三亚市大东海近岸凹顶马尾藻海藻场；昌江县棋子湾近岸匍枝马尾藻、斯氏马尾藻海藻场等。

海藻场的地理分布主要受水温变化及底质条件影响。我国近岸由北向南，随着纬度降低，藻场中冷水种藻类（如海带）很快消失，温水种藻类逐渐减少，暖水种藻类逐渐增多。辽宁省渤海湾西部及江苏省近岸多为泥沙底质，海藻资源量较少。其中，江苏省近岸大型海藻仅分布在连云港近岸的前三岛海域，生物量约为 1 308.02 g/m²。上海市近岸受长江径流影响，海水盐度较低，透明度较差，不利于海藻生长。浙江省近岸海藻株高 [（50.19±3.12）cm] 小于相邻的江苏省 [（59.33±21.17）cm] 及福建省 [（56.56±9.20）cm]，而单株藻体生物量却比临近两省份大，其原因可能是水体透明度较差，海藻通过自身机体调节，增大叶片、气囊等构件生物量，以平衡自身生长所需的光合速率。关于南海的南沙群岛藻场分布，由于历史文献资料较少，加之现场调查实操性难度较大，目前实际海藻场基础信息还有待进一步调查研究，本书未对其种类组成、分布规模进行统计。但根据黄冰心等（2013）、丁兰平（2011）的研究表明，我国近岸马尾藻属的藻种多样性呈现出北少南多的趋势，据此推测，南沙群岛马尾藻属种数比现有记录种丰富很多。

我国近岸海藻场优势种以马尾藻属最多，裙带菜属、海带属次之。海藻场在我国近岸呈斑块状分布，这与曾呈奎等（1959）研究得出马尾藻属分布的不连续性结果相符。通常，海藻场中马尾藻属生长在潮下带暗礁侧表面，而在海南省文青沟、广西壮族自治区涠洲岛等处，近岸底表珊瑚众多，马尾藻属呈团簇状种群分布。廖芝衡（2016）认为大型海藻与珊瑚之间存在着一定的竞争协同关系，但其具体对海藻种群分布的影响机制还有待进一步探究。

浙江省、福建省、广东省近岸多以暖水性为主，海藻场优势藻种多以亚热带种为主，这可能与台湾暖流将南方的海藻孢子体向北运送有关。与之对应的是，以冷水性的海带属形成的海藻场却很少随沿岸流向南迁徙，这可能是由江苏省近岸缺少适宜海藻固着的岩礁基质及长江冲淡水的阻断作用导致的。

目前，关于广西壮族自治区近岸大型海藻资源分布研究较少，仅查阅到北部湾海域近岸海藻多样性相关研究资料。笔者现场调查了白龙半岛及涠洲岛等处，发现了大面积藻场分布，建议海藻学者在以后的研究工作中对广西壮族自治区近岸海藻资源进行补偿性关注。

自 20 世纪 50 年代以来，以曾呈奎为代表的海藻研究者对我国近岸海藻区系进行了详细划分，具体为黄海西区（包括渤海）、东海西区、南海北区及南海南区。而针对马尾藻属的分布，黄冰心等（2013）认为黄海西区与东海西区的马尾藻差异性不明显，建议将二者进行合并，进而将我国近岸马尾藻属区系划分为黄东海西区和南海区两大海区。而实际上，根据海藻场优势藻种的生态特性，海带、裙带菜广泛分布于辽宁省及山东省近岸，浙江省及其以南省份近岸却很少发现以海带为优势藻种形成的海藻场。进而，本书综合二者区系划分观点，从优势种藻种特征及水温属性角度，将渤海、黄海近岸划分为温带温水型海藻场，东海及广西壮族自治区南部划分为亚热带暖水型海藻场，南海南部划分为热带暖水型海藻场。

张水浸（1996）通过分析各海区海藻区系特点和亲缘关系，对我国近岸 835 种海藻分布进行了系统比较，并采用 Jaccard 指数对各海区海藻属性进行分析，总结得出浙江省、福建省及广东省海区海藻相似性均大于 0.5，说明其间有着密切的亲缘关系。项斯端和阮积惠（2002）认为浙江省近岸亚热带藻种成分占 69.2%，属亚热带海洋植物区系。上述二者的观点与本书中将浙江省、福建省及广东省划分为亚热带温水型海藻场的观点相一致。

第五章　中国沿海潮下带藻场的现状

20世纪以来，我国近岸海藻场生态系统受到众多压力源的影响，包括沿岸地势的改变、沉积物增加、海水富营养化、污染物增多等。潮下带海藻场资源总体上处于放任状态，渔业管理部门及生产者尚未全面认知海藻场的生态价值及服务功能。

一、海藻场生态系统面临的威胁

气候变化已对海洋生态环境产生了一定影响，主要表现为近50年来全球海平面上升，海岸带遭受海水侵蚀，原潮下带藻场生态系统发生改变。气候变化引起风暴潮频发，风力强度增大，海水的剧烈波动导致海藻植株脱离固着岩礁，海藻场群落结构、消费者及捕食者生境亦遭受严重影响。全球气候变暖也导致了海区藻种的更迭。厄尔尼诺现象和拉尼娜现象愈加频繁，且影响力逐步增大，对海藻场生物生存考验加重。台风、高温、暴雨等自然灾害亦对藻场生态系统产生极大影响。每年夏秋季节，广东至浙江沿海台风多发，超强台风带来近岸巨浪致使藻场中的大型海藻（如马尾藻属）残损，脱离原生基质；夏季高温时节，近海水温增加，藻体植株衰败、分解加速，海藻场生态系统产生的营养物不能及时被底栖生物消耗吸收；暴雨频发季节，雨水经地表径流进入海洋，大大降低了近海盐度，致使生活在高盐度海区的藻种多样性下降，藻种更替。

频繁的人类活动，是近海海域海藻场受危害的重要因子之一。随着沿海地区工农业的高速发展和新兴城市群的建立，来自工业、农业和生活污水等的陆地污染源不断增多，海水养殖自身污染、海上航运、海上石油、天然气开发、海上倾废以及大气沉降带来的影响不断加剧，近海海域海藻场物理化学结构及其生态环境受到严重破坏，生物多样性下降、渔业资源衰退、海藻场面积不断缩小乃至成片消失。生活废水、农业和工业的污水排放及土地利用破坏了海藻场生态环境。其中，废水、污水排放导致了海藻场水体富营养化，海藻竞争力降低，出现死亡或消失。近年来，海上石油污染加剧，其对海藻表面附着消费者具有一定负面影响，进而对海藻场生态系统产生影响。涉海工程建设带来的海水浊度增大，透明度降低，使得海藻赖以生长的岩礁基质层逐渐减少。1980年全国海岸带资源试点调查期间，南麂列岛各离岛潮间带石沼和大干潮线附近岩礁均有铜藻分布，南麂岛马祖岙下间厂、火焜岙关帝庙、大沙岙小虎屿、国姓岙斩不断尾和火焜岙两岸等5处海域铜藻场面积约在600 m^2。而2007年调查期间，仅大沙岙小虎屿和火焜岙北岸两处有铜藻，面积不到1980年时的80%和20%，其他三处已彻底消失，各离岛已难觅铜藻踪迹。

随着我国"一带一路"建设进程加快，海洋开发、临海工程建设改变了原有的近岸潮流、波浪运动模式，使得藻体孢子固着难度加大，藻场生态系统碎化、退化甚至完全丧失。大型海港、码头建设带来的石油等有机污染亦加重了藻场环境压力。辽河口、长江口及珠江口等大型河口，由于海湾自净能力比较弱，河口附近及其外围岛屿水质受到污染后很难在短时期得到改善，如渤海近岸的锦州、营口、盘锦等地的海藻资源愈发匮乏，以前分布的马尾藻属甚至濒于灭绝。广东省湛江市东简镇近年来造钢厂、造纸厂、炼油厂数量增多，工业污水排放量加大，经湛江港航道流入硇洲岛近海，致使近岸藻场资源骤减，海藻繁盛期较以往已出现延迟，约滞后 2 个月，且海藻株高也逐年降低，硇洲岛周边仅剩存亮、潭井、大浪三处存有海藻场。

海岛上居民及游客的无序采收，亦对近岸藻场生态环境造成了一定的破坏。浙江省马鞍列岛是我国羊栖菜和裙带菜等种质资源保护地，海藻资源丰富。每年 5—6 月，常有外地渔民前来大量采收羊栖菜、裙带菜等经济藻种，未成熟的藻体幼苗也遭到采割，这种无序采收方式大大削减了海藻再生繁殖力，加剧了藻场资源衰退。

"海石花"是夏日解暑的首选饮品，深受游客们喜爱，其主要原材料为石花菜。南至广东省，北至浙江舟山，沿岸一带石花菜被大量采收，致使石花菜海藻资源锐减。海萝也被采收漂洗，经晾晒制作成"海燕窝"，售价约 1 000 元/kg。广东湛江、海南周边的近岸海参、鲍养殖人员，常于 5—8 月海藻繁盛期大量采收匍枝马尾藻、鼠尾藻等，直接投放于海参养殖池作为天然饵料，对当地海藻场资源产生了较大的负面影响。辽宁省瓦房店市黄泥洞附近海珍品养殖单位，常从秦皇岛大量购进马尾藻，作为海参、鲍饵料，致使渤海湾原本匮乏的藻场资源更加贫瘠。

二、海藻场建设现状

鉴于海藻场具有改善水质、资源养护的生态功能，我国沿海各省市先后开展了一系列的藻场建设和生态修复工作。20 世纪 80 年代以来，我国先后进行了海带、裙带菜、铜藻、瓦氏马尾藻等藻场研究。1980—1983 年多次从美国引种巨藻，于渤海口长山列岛营造巨藻场。黄渤海沿岸的海带移植成功，极大地丰富了浅海植被的种类与数量，使得我国海带栽培取得了举世瞩目的业绩，并跃居世界海藻第一生产大国；同时，也为缓解我国近海富营养化做出了巨大贡献，是我国海藻场建设最为成功的典范。近年来，随着海洋牧场建设的不断开展，铜藻、鼠尾藻和瓦氏马尾藻等藻场建设也取得良好效果，为特定海域生态环境改善和生物资源养护做出了贡献。

2017 年大连海洋岛水产集团股份有限公司在长岛县海洋岛海域国家级海洋牧场示范区 60 hm² 海域内投放人工鱼礁 2.22 hm²，并移植海藻，海洋生态恢复成效显著。

2013 年，河北省秦皇岛市抚宁区（原抚宁县）农牧水产局对南戴河海域人工鱼礁区开展藻场建设，选择羊栖菜、龙须菜和鼠尾藻为人工鱼礁区藻类增殖的主要品种，采用潜伏式垂挂模式进行羊栖菜和龙须菜的移植，种植密度达 25×10⁴ 株/hm²，伴随着藻场的形成及扩大，建成代代延续的海藻林。

2011—2012 年，中国水产科学研究院黄海水产研究所在莱州明波水产有限公司所属的海洋牧场进行了利用人工鱼礁作为附着基的鼠尾藻采苗实验，以及以鼠尾藻为主，羊栖菜、大叶藻为辅的海洋植物增养殖实验，实验结果良好，为人工藻场建设提供了一定的技术储备。

2005年，山东省在全国率先启动了渔业资源修复行动计划，其中，人工藻场和人工鱼礁建设项目被列为重点和关键技术研究，项目的建设地点设在荣成市俚岛高家村，通过移植增殖大型海藻，构建人工藻场（3年连续实施），荣成俚岛周边海域底栖植被修复效果显著。

2012—2013年上海海洋大学与嵊泗县海盛养殖投资有限公司合作，在马鞍列岛海洋特别保护区海藻场（铜藻、瓦氏马尾藻、鼠尾藻为优势种）水深、光照、底质、风浪、沉积物、暴波强度等环境特点的研究基础上，通过固定母礁底座和移植着苗子礁相结合等手段，在断桥、磨礁、后头湾、高北门、黄石洞、龙泉等17处近岸潮下带投放藻礁2 000个，建成藻礁带2个。在枸杞后头湾养殖区，通过投放苗绳、移栽大型海藻种藻及喷洒孢子水等方法，建成藻场66.7 hm^2。比较藻礁投放前后的两次声学测扫结果，大型底栖海藻覆盖度平均净增长了32.4%。2013年5月底至6月初的潜水观察显示，藻礁上的铜藻平均株高达95.2 cm、平均密度为262.5株/m^2，并且藻礁上的大型海藻已散放孢子体，补充群体的附着存活情况较好，表明潮下带大型底栖海藻的生态修复取得了预期的效果。

2008—2011年，浙江海洋学院在中街山列岛国家海洋特别保护区东极青浜岛西北侧，建立了生态型人工海藻场，其中包括2个天然岛礁藻场（约0.15 km^2）、1个筏式人工藻场；在东极西福山北侧建立了1个天然岛礁藻场（约0.09 km^2）、1个人工筏式藻场，总建设示范面积共18.6 hm^2。

南麂列岛位于温州东南部海面，是我国首批五个国家级海洋类型自然保护区之一，1998年被纳入联合国教科文组织世界生物圈保护区网络的海洋类型自然保护区。近年来海洋环境恶化，海水的富营养化程度比较高，赤潮常有发生，对养殖业的威胁不亚于台风和病害。2012年初，南麂列岛国家海洋自然保护区管理局以"中国南部沿海生物多样性管理项目"（SCCBD）为平台，集中科研力量，开展实验育苗，以铜藻、鼠尾藻、瓦氏马尾藻为栽培对象，通过向火焜岙海湾投放2 000多个人工岩礁，恢复海藻场生态系统。其海域面积达150 hm^2，核心区面积30 hm^2，生态恢复和保护作用明显。

2015年福建省海洋与渔业局在莆田南日岛开展的紫菜藻场生态工程建设取得成效，连续两年丰收，每500 g紫菜售价由150元提升到400元，村民人均增收超千元。天然坛紫菜藻场经修复或重建后，不仅坛紫菜增产丰收，还使得其他生物得以繁衍生息，改善了海域生态环境。此外，南日岛还建立了藻场生态工程建设管护机制：把海域藻场分区切块，按照"谁养护、谁受益"的原则分给各家各户生产管理，同时严格按省、市水技人员的指导要求，对藻场进行日常生产管护及合理采收，保证藻场得到持续健康恢复与发展。目前这项藻场生态工程建设正向福建其他沿海各地辐射展开。

广东海洋大学于2009年5月至2018年5月先后在茂名市竹洲岛、小放鸡岛，湛江市硇洲岛、徐闻排尾角、雷州半岛等沿岸海域，利用人工有性繁殖培育的半叶马尾藻幼孢子体作为苗源，采用刻有凹槽的锥台状混凝土作为人工藻礁附着基，依靠海藻营养繁殖，翌年再生苗的假根维持种群繁衍，形成了具有一定规模的永久性马尾藻场。

三、海藻场利用现状

浙江马鞍列岛海域，每年5—6月为马尾藻繁盛期，渔民常大量采集铜藻、瓦氏马尾藻，在海滩上晾晒、收集，翌年春季填埋于果树旁或蔬菜园地，作为农作物肥料（图5-3-1）。此外，每年海藻繁盛期，温州商户常租住枸杞岛民宿，乘船采摘附近岛屿的羊栖菜、鼠尾藻，以6元/kg（干重）的价格出售给制药厂，用以提取药物成分。

福建东山、广东硇洲岛等地，大面积分布以马尾藻属为支撑种的海藻场，当地水产养殖户常大量采收本地新鲜马尾藻，投放于海珍品养殖池，以作鲍饵料。

海南省儋州市文青沟近岸海域，大量生长匍枝马尾藻，海藻生物量较大，渔民常赶海采收马尾藻，经晾晒，以3元/kg的价格出售给外来采购商，以提高经济收入（图5-3-2）。

图5-3-1　枸杞岛铜藻海藻肥收集

图5-3-2　文青沟晾晒匍枝马尾藻

海藻场独特的空间结构和景观格局，具有很高的休闲娱乐价值，如垂钓、潜水、划船等，同时也是旅游观光、海洋鸟类和哺乳动物拍摄的最佳场所（图5-3-3）。山东省长岛县庙岛省级海豹自然保护区，岛屿众多，拥有丰富的海带和马尾藻支撑的海藻场，每年3—4月，成群的斑海豹分批从俄罗斯经白令海峡迁徙到该海域栖息、繁衍，长岛旅游部门在此设立了"观豹台"供游客观赏斑海豹。

浙江嵊山和渔山列岛依托当地丰富的

图5-3-3　休闲海钓

天然藻场开展海钓旅游业。山东威海鸡鸣岛周边海域以海带、裙带菜为支撑的海藻场为游客提供了海上观光好去处，该海域也已成为年轻人拍摄海上婚纱照的首选之地。广东南澳顶澎岛以亨氏马尾藻为支撑的海藻场以及浙江嵊山岛以铜藻为支撑的海藻场也已成为国内潜水俱乐部开展野外拓展训练的休闲场所。福建平潭、广东万山群岛等地依托其独特的岛礁环境与藻场环境，已逐渐发展成为广大海钓爱好者聚集地。

大多藻类可作食料，常见海藻食品主要是海带、裙带菜和羊栖菜等，这些海藻食品美味可口，营养丰富，具有很高的食用和经济价值。天然海藻场资源历来为沿海人民利用，是养殖海藻外的重要海洋食品补充。浙江省枸杞岛有"海里拔草过么么"的风俗，过去渔民生活贫困，当地居民充分利用当地丰富的裙带菜和羊栖菜等藻场资源，采集海藻加工成小菜来食用。近年来，当地海岛旅游业发展迅速，野生裙带菜等成了游客喜爱的海鲜之一。福建省漳州市漳浦县六鳌镇近岸，每年4—5月海萝生长繁盛，当地居民将其采集、漂洗、晾晒，做成"海燕窝"土特产出售给游客。同时，当地也已形成海藻采收产业雏形，有些农户已将海藻采集作为农闲兼职工作，年收入约增2万元。据了解，四川成都某家火锅店因主推"长寿菜"而走红，其主要食材就为铜藻。

农业部渔业渔政管理局于2016年将海藻场列入海洋牧场国家级示范区的主要建设内容，规定在下拨的建设经费的15％用于海藻场建设，和人工鱼礁建设共同作为海洋牧场区的栖息地生态改善手段，以营造渔业资源养护和增殖的良好环境。目前，已建成国家级示范区88个，其中海藻场建设的支撑藻种主要为瓦氏马尾藻、鼠尾藻、海黍子、海带、铜藻、裙带菜、金膜藻、扁江蓠、日本多管藻等，以这些大型海藻种群为主构建的海藻场为海洋牧场的大泷六线鱼、褐菖鲉、许氏平鲉、海参等目标种营造了优良的栖息环境并提供了丰富的饵料，海藻场建设已成为实现海洋牧场建设目标的重要途径之一。

第六章　管理建议

　　由于海藻固着生长于特定良好水质环境及岩礁基质的海域，故有效管理海藻场自然资源的最佳办法是避免和限制人类活动对海藻场影响频率，主要措施包括水质环境改善及岩礁基底构造。此外，也应限制城市生活废水、工业污水排放。近岸土地利用方式不当，将导致海洋沉积物在径流作用下不断淤积，并出现海水污染和富营养化。

一、海藻场生态修复类型

　　我国近岸天然藻场面临退化、枯竭和不易恢复的危险，沿海社会和生态的可持续发展受到严重影响。海藻场生态修复技术应运而生，海藻场生态修复是运用生物生态学、物理海洋学以及经济学相关理论，以海洋生态保护、社会经济协同发展为目的，对近岸和沿岸海域，通过人工或半人工的方式，修复或重建正在衰退、已经消失的天然海藻场，或营造新的海藻场，从而在短期内形成具有一定规模、较为完善、能够独立发挥生态功能的生态系统。根据目标海域的实际状况，海藻场生态修复工程可大致分为重建型、修复型与营造型3种类型（图6-1-1）。重建型海藻场生态工程是在原海藻场消失的海域开展生态工程建设；修复型海藻场生态工程是在海藻场正在衰退的海域开展生态工程建设；营造型海藻场生态工程是在原本不存在海藻场的海域开展生态工程建设。

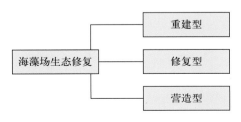

图6-1-1　海藻场生态修复类型

　　目前，科学家已采用藻礁建设及藻种移植等方式试图修复退化的海藻场，并取得了一定成效。但其中亦有因修复方案不足致使修复失败的案例。人工藻礁可将海域软底基质转变成硬底，从而扩大有利于海藻固着的基质生境。人工藻礁的投放深度、最终形成的岩礁基质与自然海藻场生态系统相似度决定了海藻成活效果及生长持续时间，若藻礁建设合理，则海藻场生境规模逐步扩大，但大范围的投放藻礁需耗费巨资，并可能导致海域原生生境资源更迭，因此，在建设前期，应充分权衡藻礁建设的利弊。

二、海藻场管理建议

大型藻类作为海洋生态系统中的基础生产力部分，其产业不仅为人类直接或间接地提供着不同营养水平的食物来源，而且还通过净化水质、吸收大气中二氧化碳等起到改善人类生存环境的作用。天然海藻场还发挥着维系海洋生物多样性和生境异质性、给海洋生物资源特别是幼小鱼类提供优良栖息场所和丰富饵料等重要生态服务功能。海洋藻类是海洋生物食物链的基础，是海洋环境的清洁工，也是海洋生态系统的主要维护者。鉴于此，我国当前海藻场建设应着重从调查研究、总体规划、科普宣传、藻场建设资金投入等4方面着手（图6-2-1）。

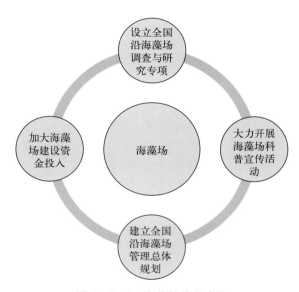

图 6-2-1　海藻场管理建议

1. 设立全国沿海藻场调查与研究专项

我国大陆海岸线总长约 18 000 km，其中适合大型底栖海藻生长的基岩海岸总长约 5 000 km，目前，依托国家现代农业产业技术体系藻类产业技术体系已开展的重点藻场调查只是其中很小的一部分，在人员、经费、设备和技术等方面，都还难以支撑全面普查工作，海藻场相关基础科学研究较少。因此，建议能参考"我国近海海洋综合调查与评价"专项，设立沿海藻场调查专项，以便组织全国力量，系统、全面地摸清我国海藻场的分布、规模、种类等家底；同时，设立有针对性的系统性海藻场科学研究专项和连续业务化监测体系。同时，为进一步探索我国沿海藻场的生态服务功能、藻场退化萎缩因素和修复利用途径，海洋生态修复科研单位应积极引进高端人才，加强科研队伍建设，主动学习国外最新海藻场研究方法，采用卫星遥感、动态监测等手段开展海藻场生态研究，搜集整合现有海藻数据信息，建立我国近岸海藻信息数据库，为海藻场的管理和保护提供基础数据和科学依据。海藻场专项研究可从以下 5 个方面着手：①对重点藻场开展系统研究，包括群落结构特征、海藻生长机制等；②构成海藻场生态系统的物理过程研究；③海藻场生态系统生物过程及功能作用研究，包括竞争、捕食关系等；④建立多样化藻场生物和经济模型；⑤海藻场固碳能力研究。

2. 建立全国沿海藻场管理总体规划

根据调查结果，我国沿海藻场除北方少数确权海域外，绝大部分处于放任状态，由于缺少相应的管理政策和法规，底栖海藻因无偿采集而破坏严重、藻场海域开发利用无序、藻场受临近陆地滨海工程影响很大，等等。因此，建立全国沿海藻场管理总体规划对于指导和规范沿海各省市的海藻场管理，包括海藻场的保护、建设、修复、利用等，具有非常重要的现实意义。纵观《中华人民共和国渔业法》《中华人民共和国海域使用管理法》《中华人民共和国海洋环境保护法》和我国各级海洋功能区划，均无海藻场保护具体内容。由于海洋生态保护与海洋经济发展的特殊关系，为增加海洋保护法律法规的可操作性，强化法律约束力，提高海藻场管理成效，应在国家及地方现有法律基础上，借鉴国外海藻场保护及国内牡蛎礁、珊瑚礁管理经验，补充或完善适合特定海区的海藻场管理规范，使海藻场管理有法可依。此外，还可将传统的渔业管理与海洋保护区相结合，对重点海藻场生态系统建立生态保护区，限制人类活动对海藻场生态系统的影响。

3. 大力开展海藻场科普宣传活动

海藻场作为近海典型生态系统之一，目前还不像红树林、珊瑚礁那样广为人知，海洋生态保护是全社会的集体行动，只有全社会的广泛参与，才能取得良好效果。因此，需要大力开展相关的科普宣传，可以在政府主导下，联合科研院校、公益组织、行业协会、大型企业等，结成海藻场保护利用联盟组织，整合各自的优势资源，利用广播、电视、互联网等宣传媒介开展丰富多彩的宣传教育活动，提高公众对海藻场生态价值的认识，鼓励认购修复苗种等，让更多的人了解和关注海藻场，抵制可能对海藻场造成不良影响的行为，从而实现全社会对海藻场生态的自觉认识。

4. 加大海藻场建设资金投入

藻场建设是实施渔业资源增殖行动的内容之一，是功在当代、利在千秋的系统工程，是水产事业可持续发展的必要措施。海藻产业是一项高科技、高投入、高风险的事业，应在"政府主导、多方参与"的原则下，海洋相关管理单位在资金、信贷、税收等方面给予政策倾斜，积极探索政府引导下的多元投资机制，开辟和建立多种形式的筹资渠道，如浙江省马鞍列岛海藻场及广东省南澳县海藻场开展休闲渔业旅游项目，积极探索海藻场生态与旅游业的结合，发展具有区域特色的海洋生态旅游，形成以适度开发促进海藻场资源保护的管理模式，以旅游业的收入来促进海藻场生态建设。

主要参考文献

丁兰平，黄冰心，谢艳齐，2011. 中国大型海藻的研究现状及其存在的问题 [J]. 生物多样性，19（6）：798-804.

国家海洋局 908 专项办公室，2006. 海洋生物生态调查技术规程 [M]. 北京：海洋出版社：27-31.

黄冰心，丁兰平，谭华强，等，2013. 我国沿海马尾藻属（Sargassum）的物种多样性及其区系分布特征 [J]. 海洋与湖沼，44（1）：69-76.

李秀保，蒂特利亚诺娃，蒂特利亚诺夫，等，2018. 海南岛三亚湾珊瑚礁区常见大型海藻 [M]. 北京：科学出版社.

刘涛，2017. 南海常见大型海藻图鉴 [M]. 北京：海洋出版社.

刘涛，2018. 黄、渤海及东海常见大型海藻图鉴 [M]. 北京：海洋出版社.

刘正一，2014. 黄渤海典型海域海藻的生物地理分布研究 [D]. 南京：南京农业大学.

马德毅，侯英民，2013. 山东省近海海洋环境资源基本现状 [M]. 北京：海洋出版社.

毛欣欣，蒋霞敏，林清菁，2011. 浙江大型海藻彩色图集 [M]. 北京：科学出版社.

侍茂崇，李培良，2018. 海洋调查方法 [M]. 北京：海洋出版社.

王红勇，吴洪流，姚雪梅，2010. 海南岛常见的大型底栖海藻 [J]. 热带生物学报，1（2）：175-182.

夏邦美，王广策，王永强，2013. 三沙市南海诸岛底栖海藻区系调查及其与其它相关区系的比较分析 [J]. 海洋与湖沼，44（6）：1681-1704.

项斯端，阮积惠，2002. 浙江底栖海藻及其区系分析 [J]. 浙江大学学报（理学版），29（5）：548-557.

曾呈奎，2000. 中国海藻志 第三卷 褐藻门 第二册 墨角藻目 [M]. 北京：科学出版社.

曾呈奎，张峻甫，1960. 关于海藻区系性质的分析 [J]. 海洋与湖沼（3）：177-187.

曾呈奎，张峻甫，1963. 中国沿海海藻区系的初步分析研究 [J]. 海洋与湖沼，5（3）：245-253.

张海生，2013. 浙江省海洋环境资源基本现状 上册 [M]. 北京：海洋出版社.

张宏达，1994. 地球植物区系分区提纲 [J]. 中山大学学报（自然科学版）（3）：73-80.

张峻甫，1979. 底栖海藻的分类区系研究 [J]. 海洋科学（S1），75-77.

张水浸，1996. 中国沿海海藻的种类与分布 [J]. 生物多样性，4（3）：139-144.

章守宇，刘书荣，周曦杰，等，2019. 大型海藻生境的生态功能及其在海洋牧场应用中的探讨 [J]. 水产学报，43（9）：2004-2014.

赵淑江，2014. 海洋藻类生态学 [M]. 北京：海洋出版社.

海藻场常见藻类名录

Phaeophyta　褐藻门

Chorda filum　绳藻

Colpomenia sinuosa　囊藻

Dictyopteris undulata　波状网翼藻

Dictyota dichotoma　网地藻

Dictyota friabilis　脆弱网地藻

Endarachne binghamiae　鹅肠菜

Hormophysa cuneiformis　楔形叶囊藻

Ishige okamurai　铁钉菜

Ishige foliacea　叶状铁钉菜

Laminaria japonica　海带

Lobophora variegata　匐扇藻

Pachydictyon coriaceum　厚网藻

Padina australis　南方团扇藻

Padina boryana　包式团扇藻

Rugulopteryx okamurae　厚缘藻

Sargassum confusum　海蒿子

Sargassum crassifolium　厚叶马尾藻

Sargassum emarginatum　凹顶马尾藻

Sargassum fulvellun　无肋马尾藻

Sargassum fusiforme　羊栖菜

Sargassum graminifolium　草叶马尾藻

Sargassum hemiphyllum var. *chinense*
　半叶马尾藻中国变种

Sargassum hemiphyllum　半叶马尾藻

Sargassum henslowianum　亨氏马尾藻

Sargassum horneri　铜藻

Sargassum muticum　海黍子

Sargassum patens　展枝马尾藻

Sargassum phyllocystum　叶囊马尾藻

Sargassum polycystum　匐枝马尾藻

Sargassum sanyaense　三亚马尾藻

Sargassum serratifolium　锯齿马尾藻

Sargassum swartzii　斯氏马尾藻

Sargassum tenerrimum　软叶马尾藻

Sargassum thunbergii　鼠尾藻

Sargassum vachellianum　瓦氏马尾藻

Scytosiphon lomentarius　萱藻

Undaria pinnatifida　裙带菜

Rhodophyta　红藻门

Acrosorium yendoi　顶群藻

Ahnfeltiopsis flabelliformis
　扇形拟伊藻

Amphiroa dilatata　宽扁叉节藻

Amphiroa ephedraea　麻黄叉节藻

Calliarthron yessoense　粗珊藻

Callophyllis adhaerens　附着美叶藻

Callophyllis adnata　贴生美叶藻

Ceramium japonicum　日本仙菜

Chondria crassicaulis　粗枝软骨藻

Chondria tenuissima　细枝软骨藻

Chondrus nipponicus　日本角叉菜

Chondrus ocellatus　角叉菜

Corallina officinalis　珊瑚藻

Gelidium amansii　石花菜

Gelidium yamadae　密集石花菜

Gigartina intermedia　小杉藻

Graciliaria vermiculophylla　真江蓠

Gracilaria lemaneiformis　龙须菜

Gracilaria textorii　扁江蓠

Grateloupia filicina　蜈蚣藻

Grateloupia livida　舌状蜈蚣藻

Gymnogongrus flabelliformis

　扇形叉枝藻

Halymenia sinesis　海膜

Hypnea boergesenii　密毛沙菜

Hypnea cervicornis　鹿角沙菜

Hypnea valentiae　沙菜

Jania adhaerens　宽角叉珊藻

Jania decussato-dichotoma　叉珊藻

Laurencia chinensis　凹顶藻

Laurencia glandulifera　瘤枝凹顶藻

Laurencia intermedia　异枝凹顶藻

Laurencia okamurai　冈村凹顶藻

Laurencia pinnata　羽状凹顶藻

Plocamium telfairiae　海头红

Polysiphonia japonica　日本多管藻

Pterocladia tenuis　鸡毛菜

Pterocladiella capillacea　拟鸡毛菜

Symphyocladia latiuscula　鸭毛藻

Tricleocarpa cylindrica　圆果胞藻

Chlorophyta　绿藻门

Caulerpa nummularia　钱币状蕨藻

Caulerpa racemosa var. *turbinata*

　总状蕨藻管状变种

Caulerpa racemosa　总状蕨藻

Caulerpa serrulata　齿形蕨藻

Caulerpa sertularioides　棒叶蕨藻

Cladophora albida　苍白刚毛藻

Ulva conglobata　花石莼

Ulva fasciata　裂片石莼

Ulva pertusa　孔石莼

Valoniopsis pachynema　指枝藻

全国重点藻场调查相关图片资料

总状蕨藻

凹顶马尾藻

棒叶蕨藻

草叶马尾藻

大耗子岛海藻场

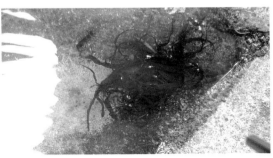
带形蜈蚣藻

儋州市文青沟海域海藻晾晒

顶澎岛亨氏马尾藻场

海萝

海藻肥晾晒

采收亨氏马尾藻

亨氏马尾藻场

浒苔

孔石莼

南方团扇藻

南隍城岛海藻场

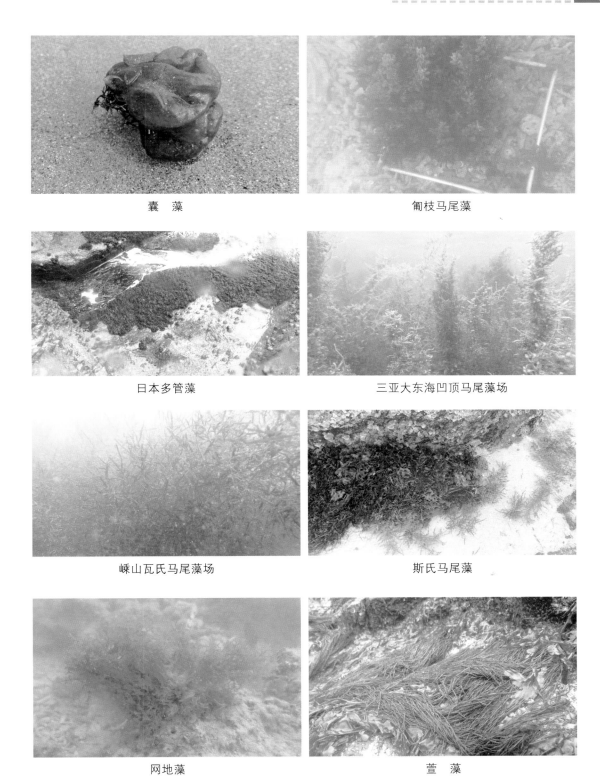

囊　藻

匍枝马尾藻

日本多管藻

三亚大东海凹顶马尾藻场

嵊山瓦氏马尾藻场

斯氏马尾藻

网地藻

萱　藻

羊栖菜

渔山岛海藻场

室内测定

水下样方采样

调查准备

涠洲岛潜水采样

广东湛江调查

浙江马鞍列岛海藻场调查

潮间带采样

海藻样本照片采集

山东沿海海藻场调查

生物学测定

声呐测扫支架

图书在版编目（CIP）数据

中国沿海潮下带重点藻场调查报告／章守宇等著．
—北京：中国农业出版社，2020.12
ISBN 978-7-109-27432-7

Ⅰ.①中… Ⅱ.①章… Ⅲ.①沿海－海藻－水产资源－
研究报告－中国 Ⅳ.①S922.9

中国版本图书馆 CIP 数据核字（2020）第 196394 号

中国农业出版社出版

地址：北京市朝阳区麦子店街 18 号楼
邮编：100125
责任编辑：王金环
版式设计：王　晨　　责任校对：吴丽婷
印刷：中农印务有限公司
版次：2020 年 12 月第 1 版
印次：2020 年 12 月北京第 1 次印刷
发行：新华书店北京发行所
开本：787mm×1092mm　1/16
印张：5.5
字数：150 千字
定价：48.00 元